# 塞德里克·格罗莱的甜品"花"园

## 甜点的造型、结构、风味

[法] 塞德里克·格罗莱（Cedric Grolet）| 著　范雅君 | 译

华中科技大学出版社
http://press.hust.edu.cn
有书至美
BOOK & BEAUTY

中国·武汉

# "ET APRÈS FRUITS, QU'AVEZ-VOUS PRÉVU ?"

# "水果之后，将会呈现什么？"

　　这是我的客户和常客最近一直在问我的问题。我很自然地回答他们："水果之后，是花。"作为一个有逻辑的续篇，花是一个极好的主题。对甜点师来说，"花"仿佛一个无止境的游乐场。它们是生命、优雅和纯粹的象征。我能用不同的颜色、样式和食材来多样化地呈现"花"。它们对我而言是极具启发性的。

　　赠送一朵"可以吃的花"听上去就会很美。从传统来说，我们会在节日或者特别的时刻赠送亲朋一束鲜花。我想赋予这件礼物额外的价值，那就是让它可食用。

　　关于花最初的记忆？记得小时候我对母亲说："我想要送您一个礼物，可是我没有钱。"她回答我说："你只需要摘一朵花送给我就已经足够了，不需要花钱。"母亲这句简短的话语对我来说非常重要，她说得太对了。为了她，我去家附近的田野上摘了黄水仙和蒲公英。

　　因此在我的"Opéra"甜品店里，我有了创作花形甜点的想法：将美味的配方和裱花的美学结合。这本书的配方除了裱花袋和裱花嘴，几乎不使用任何设备，没有复杂的食材，只需要耐心和动手能力。对于这本书的配方，我建议您可以提前一天开始准备，有一些步骤会耗时比较久，需要时间去静置，就比如甘纳许在打发和裱花之前需要提前冷藏12小时。但从某种程度上来说，甜点的艺术就在于此：时间、耐心和恒心大概就是它的关键词。

我在"Opéra"甜品店的第一个花形蛋糕是花形巴黎-布雷斯特,它是众多甜点的起点。每一次的创作,我都致力于去创造尊重应季食材的甜点,因此往往是原材料引导我的创作。对于挞,也有可能赋予它一种形似花的逼真效果,用规律性的摆盘呈现或将水果以花环形式表达。如果草莓太大或者太小,或者它们的尺寸不一,将不会达到想要的效果。一个优秀的甜点师的艺术是知道如何去适应原材料。水果的摆放是极其重要的,它能将一个简单的挞变成一份礼物。

自我学习甜点以来,我始终很热爱裱花。我在学徒时期,和老师帕斯卡·利奥蒂埃(Pascal Liotier)学习了裱花。在他的教导下,我完成了我的甜点补充文凭学业(mention de complémentaire patisserie注)。他和我的其他老师非常不一样,他的心直口快有时让他在工作中很难相处,然而他又如此地具有人格魅力,他的教诲成就了今天的我。最近,我在法国南部出差的时候,他与我重聚并告诉我,他以我为骄傲。这是一个感人的时刻,他是我人生中如此重要的人,因为他给我带来了专业化和人性化的两面。我觉得我们都需要在这两个方面向前迈进。

"LA DiSPOSiTiON DES FRUiTS EST PRiMORDiALE, ELLE TRANSFORME UNE SiMPLE TARTE EN CADEAU."

# "水果的摆放是极其重要的,它能将一个简单的挞变成一份礼物"

通过对裱花的选择、摆盘的方式、食材的特点和对配方细节多样化的运用,我从来没有像在这本书里呈现的那样,在裱花艺术上走得如此之远。我和我的团队热衷于自我审视,书中所有的食谱都是在路易斯·德尔·博卡(Louis Del Boca)工作室制作的浮雕模具上拍摄的,我被这个想法所吸引,因为甜点师和制作浮雕艺术的人之间有着相同的工作方式:我们提供同样的创造性工作。我喜欢把这两个行业结合起来的想法。

裱花作为一门艺术,真的是甜点行业的基础技巧之一。我非常难招聘到"会"裱花的甜点师。裱花是用手来表达,是任何模具无法替代的技艺,必须让手的敏感度充分地体现,不管是香缇奶油还是打发甘纳许,都是对原料的一种呈现。通过裱花形成规律的曲线,我尝试去设计一朵花,每次的样式都不同。那么现在,轮到你们来发挥了。

塞德里克·格罗莱

注:MC是在CAP、BEP或专业学士学位之后的法国专业文凭。

# "J'AI TOUJOURS AIMÉ POCHER."

# "我始终热爱裱花"

　　我是塞德里克在进修甜点补充文凭学业时期的老师。我关于他最早的记忆，应该是他对于这个行业的渴望，他的动力和他的投入程度。他会不知疲倦地练习直到得到完美的结果。就以糖艺为例，他一直都是一个非常勤奋的人，有时候除非是我让他离开厨房，否则他的练习绝不会停止。这可能是他最让我印象深刻的地方。

　　塞德里克在我的厨房学习使用圣多诺裱花嘴裱花。每天早上，我都会让他做森林灌木甜点的最后装饰，这款甜点是那个时期我们的招牌甜品之一，由莓果巴伐利亚和香草英式蛋奶酱制作而成，表面覆盖一层意式蛋白霜裱花。我经常会和我的学徒说："如果你能使用圣多诺裱花嘴裱花，那么其他类型的裱花就都不会有问题。"塞德里克，就像他对待其他任何事物一样，从未放松，他会坚持不懈直到成功。为了能够学会裱花，他必须学习到正确的裱花手法，他成功了。自此之后，他的花形蛋糕和他那能欺骗大家视觉的水果一样，成为他的招牌。

　　需要说明的是，在他18岁的时候他还只是一个乐天的淘气鬼，在他求知欲非常旺盛的时候不应该放任他，而是不断堆积工作给他做，且给予认真的教导。他正处于探索生活的年纪。我非常喜欢我作为老师、教育家的角色，把一个职业教授给年轻人，这是多么重要的使命啊！

　　自27岁在伊辛格（Yssingeaux）开了我的甜品-巧克力-冰激凌集合店以来，我的团队每年都会招两个学徒。传道、授业、解惑是我所欣赏的高于一切的价值。不得不承认老师和学徒之间的关系总是值得反复推敲的。和塞德里克一起，我们的关系进展得非常完美。我能立刻感受到他对于这个行业的热情，他的天赋后来爆发出来，让我极度地自豪。从他在我身边做学徒以来，我们一直保持着联系。我一直反复向他强调要保持谦逊，不要忘记自己的初衷，他做到了。

　　在他的职业生涯中，他能够找到自己的道路和个人特色。不断地改革、创新他的甜点中的味道，尤其是敢于不断创新的勇气，是极少的甜点师能够做到的。他的成功在全球被认可，他还被评选为世界最佳甜点师。在面对他的甜品时，我们经常会听到"这是塞德里克·格罗莱的出品！"很少有甜品师有如此的辨识度！今天，我是如此自豪能够为他的第三本书作序。他的确做到了青出于蓝而胜于蓝。

帕斯卡·利奥蒂埃

塞德里克·格罗莱学徒时期的老师

# SOMMAiRE
## 目录

PRINTEMPS

春日之花

# BOUQUET 花束

●姜味甘纳许

1200克淡奶油

60克新鲜生姜

240克姜醋

270克白巧克力

63克吉利丁冻

（9克吉利丁粉和54克水调制而成）

●玫瑰酱

450克玫瑰水

50克砂糖

6克琼脂粉

2克黄原胶

●甜酥面团

详见第342页

●覆盆子内馅

475克新鲜覆盆子

70克覆盆子汁

10克玫瑰水

145克砂糖

50克葡萄糖粉

10克NH果胶粉

3克酒石酸

7.5克糖渍玫瑰花瓣

●玫瑰扁桃仁奶酱

65克黄油

65克砂糖

25克糖渍玫瑰花瓣

65克扁桃仁粉

65克全蛋

●红宝石喷砂

详见第338页

## 姜味甘纳许

前一天，在深口平底锅中加热一半的淡奶油，加入去皮、磨碎的生姜和姜醋，离火，盖上盖子浸泡10分钟左右。再次加热搅拌均匀后过筛。倒入切碎的白巧克力和吉利丁冻中，接着加入剩余的淡奶油。混合得到均匀的姜味甘纳许。放入冰箱冷藏12小时左右。

## 甜酥面团

按照第342页的说明制作甜酥面团。

## 玫瑰扁桃仁奶酱

在厨师机中使用搅拌桨，将黄油、砂糖、糖渍玫瑰花瓣、扁桃仁粉混合均匀，慢慢加入全蛋，放入冰箱冷藏。

## 玫瑰酱

将玫瑰水在深口平底锅中煮沸，加入提前混合好的砂糖、琼脂粉、黄原胶。混合后放入冰箱冷藏凝固。果酱凝固后，再次混合后使用。

## 覆盆子内馅

在新鲜覆盆子中慢慢加入覆盆子汁和玫瑰水，炖煮覆盆子30分钟。接着加入除了玫瑰花瓣的剩余的食材，混合均匀后持续沸腾1分钟，加入糖渍玫瑰花瓣，放入冰箱冷藏保存。将制作好的覆盆子内馅灌入3.5厘米直径的球形软模具中，冷冻3小时左右，使其成形。随后在4.5厘米直径的半球形软模具中挤入少许甘纳许，将冷冻好的覆盆子内馅放入其中，再覆盖甘纳许，放入冷柜冷冻6小时左右。

## 红宝石喷砂

按照第338页的说明制作红宝石喷砂。

## 组装

在烤好的用甜酥面团制作的甜酥挞皮中填入玫瑰扁桃仁奶酱，放入烤箱，以170摄氏度烘烤约8分钟，冷却15分钟左右。加入玫瑰酱至挞壳高度，放入冰箱冷藏大约30分钟。

## 装饰

　　使用电动打蛋器打发甘纳许。一只手拿金属支架（三脚架），将覆盆子内馅放在上面。另一只手使用104号圣多诺裱花嘴进行裱花。用打发的甘纳许制作形似"0"的玫瑰中心部分，接着在周围挤入逐渐变大的半圆弧。用抹刀在花的底部滑动将它取下，轻轻放在蛋糕上，重复操作，制作一朵又一朵能覆盖整个挞的玫瑰。这里可以制作不同大小的玫瑰花。让整个花束看起来更加的自然。用喷枪在花束表面均匀地覆盖红宝石喷砂。

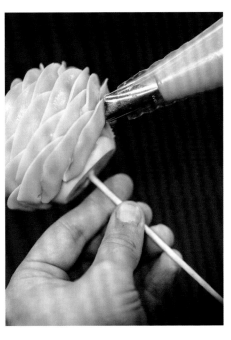

# PÉTALES

# 大黄花瓣

# RHUBARBE

● 榛子甜酥挞皮

100克黄油

105克粗黄糖

45克全蛋

1克盐

8克泡打粉

150克T55面粉

75克榛子粉

● 大黄果肉

16根大黄茎

● 榛子扁桃仁奶酱

65克黄油

65克砂糖

65克榛子粉

65克全蛋

● 大黄果酱

225克鲜榨大黄汁

25克砂糖

3克琼脂粉

1克黄原胶

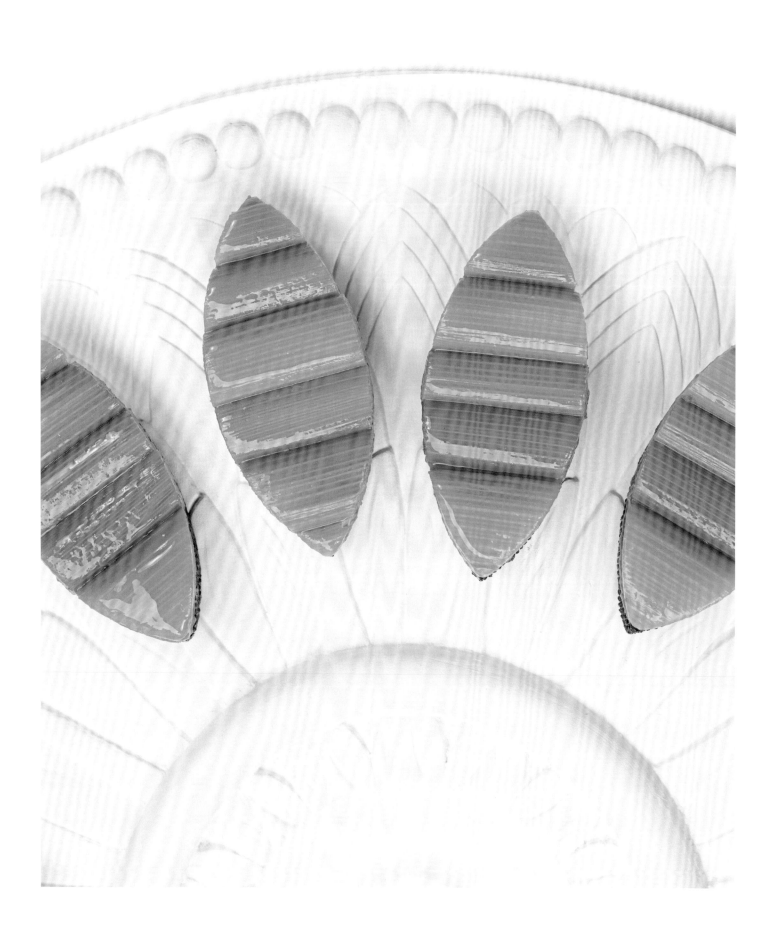

## 榛子甜酥挞皮

在厨师机中使用搅拌桨进行混合。将黄油和粗黄糖混合至粗砂状颗粒，慢慢加入全蛋，接着加入盐、泡打粉、面粉和榛子粉。将混合好的面团擀至3～4毫米厚，在9厘米长的船形（卡利松糖的形状）挞皮模具中塑形，用小刀切掉多余面团。将挞皮放在硅胶烤垫（或者烘焙油纸）上，入烤箱以175摄氏度烘烤20分钟。

## 榛子扁桃仁奶酱

在厨师机中使用搅拌桨，将黄油、砂糖和榛子粉进行混合，慢慢加入全蛋。放入冰箱冷藏保存。

## 大黄果酱

深口平底锅中将鲜榨大黄汁煮沸，加入提前混合好的砂糖、琼脂粉和黄原胶，混合均匀，放入冰箱冷藏凝固。果酱凝固后，再次混合后使用。

## 大黄果肉

大黄去皮同时去掉两端。将整根大黄放入真空袋中抽真空。使用蒸汽烤箱（或者水浴）以63摄氏度蒸2小时左右。

## 组装

在甜酥挞皮中填入含有大黄果肉颗粒的榛子扁桃仁奶酱，保留剩余的大黄果肉用于后续操作，放入烤箱中以170摄氏度烘烤8分钟。冷却15分钟左右。填入大黄果酱至挞壳高度。冷藏保存约30分钟。将处理好的不同大小的大黄果肉条按照船形（卡利松糖形）整齐地摆放。

白色玫瑰　　ROSE BLANCHE

● 香草甘纳许
详见第340页


● 重组斯派库鲁斯（SPÉCULOOS）面团
500克斯派库鲁斯沙布雷
150克可可脂


● 香草帕林内
150克扁桃仁
1根香草荚
100克砂糖
70克水

● 香草饼底
100克扁桃仁粉
90克粗黄糖
40克T55面粉
4克泡打粉
5克盐
135克蛋清
40克蛋黄
25克淡奶油
6克香草膏
40克黄油
20克砂糖

● 斯派库鲁斯沙布雷
200克膏状黄油
200克红糖
60克砂糖
2克盐
10克肉桂粉
40克全蛋
15克牛奶
400克面粉
10克泡打粉


● 软心焦糖
详见第335页


● 白色喷砂
详见第338页

## 香草甘纳许

按照第340页的说明制作香草甘纳许。

## 香草帕林内

将扁桃仁和香草荚放入烤箱，以165摄氏度烘烤15分钟。将砂糖和水煮至110摄氏度，加入扁桃仁和香草荚，混合，使其裹上糖浆，翻炒至焦糖化。冷却后研磨成酱状。

## 斯派库鲁斯沙布雷

将软化成膏状的黄油和红糖、砂糖、盐、肉桂粉混合，慢慢加入全蛋。接着加入牛奶，最后加入提前混合好过筛的面粉和泡打粉。在铺有硅胶烤垫的烤盘上，将沙布雷擀至4毫米厚，放入烤箱，以170摄氏度烘烤10分钟左右。

## 重组斯派库鲁斯面团

将斯派库鲁斯沙布雷和融化的可可脂混合。擀至3毫米厚，切成20厘米直径的圆形。在铺有硅胶烤垫的烤盘上，将面团放入16厘米直径的圆模中成形，再放入烤箱，以170摄氏度烘烤20分钟左右。

## 香草饼底

将扁桃仁粉、粗黄糖、面粉、泡打粉、盐和25克蛋清、蛋黄、淡奶油、香草膏混合均匀，接着加入融化的黄油。将剩余的蛋清用砂糖打发收紧。将两者混合。在铺有硅胶烤垫的烤盘上，将面糊挤入16厘米直径的圆模中。放入烤箱，以175摄氏度烘烤8分钟，烘烤一半的时候调转烤盘方向烘烤。

## 软心焦糖

按照第335页的说明制作软心焦糖。

## 白色喷砂

按照第338页的说明制作白色喷砂。

## 组装

　　使用电动打蛋器将香草甘纳许打发。轻轻地取下重组斯派库鲁斯面团的模具。将其放入大小相同、围有塑料围边的新模具中。挤入一层香草帕林内，放上香草饼底。倒入软心焦糖，放入冷柜冷冻约2小时，此为内馅。将甘纳许挤入帕沃尼（Pavoni）品牌的直径18厘米的慕斯模具，覆盖整个表面，在中心部分多挤一些甘纳许，确保内馅完全在正中心，放入内馅，接着覆盖甘纳许，用抹刀抹平。放入冷柜冷冻凝固6小时左右，轻轻地脱模。

## 装饰

　　甘纳许用104号圣多诺裱花嘴制作花瓣。首先从蛋糕的中心部分制作形似"0"的裱花，接着在周围挤入逐渐变大的半圆弧，直到完全覆盖蛋糕。使用喷枪在表面均匀地覆盖白色喷砂。

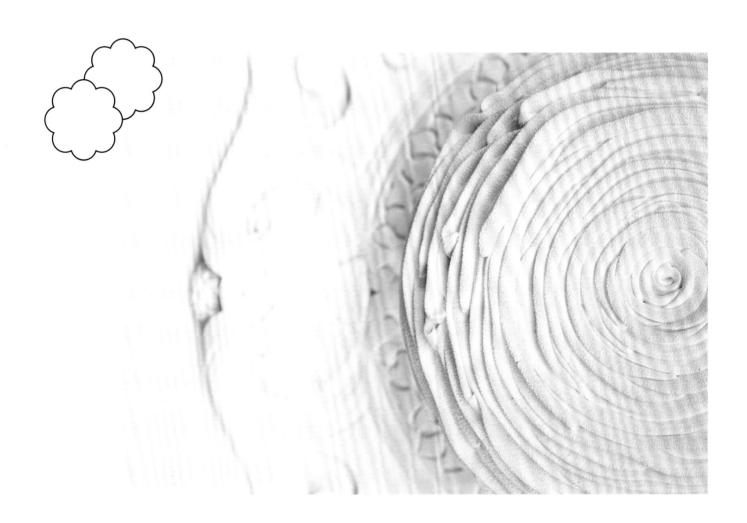

# CAPUCiNE

## 旱金莲

● 蜂蜜甘纳许

240克淡奶油

10克生姜

100克蛋黄

60克蜂蜡

21克吉利丁冻

（3克吉利丁粉和18克水调制而成）

400克马斯卡彭奶酪

● 青柠啫喱

3个青柠

10克橄榄油

75克液体蜂蜜

30克葡萄糖浆

15克鼠尾草

15克薄荷

15克龙蒿

15克金盏花

● 甜酥面团

详见第342页

● 柠檬扁桃仁奶酱

65克黄油

65克砂糖

65克扁桃仁粉

25克柠檬皮屑

65克全蛋

● 柠檬酱

2个柠檬

● 橙色&黄色喷砂

详见第338页

● 装饰

旱金莲花

## 蜂蜜甘纳许

将淡奶油和用擦丝刨（Microplane）刨制的生姜碎一起煮沸。将蛋黄和蜂蜡混合。将一小部分淡奶油倒入蛋黄混合物中，接着重新倒回深口平底锅中，制作英式蛋奶酱。煮2分钟后，加入吉利丁冻混合，过筛，接着加入马斯卡彭奶酪。放入冰箱冷藏12小时。

## 青柠啫喱

将提前洗净的青柠去掉两端，切成小块，接着用均质机打碎。在深口平底锅中，将打碎的柠檬酱和橄榄油、蜂蜜、葡萄糖浆一起煮沸至顺滑的状态。加入配料表中草和花的香料混合。

## 甜酥面团

按照第342页的说明制作甜酥面团。

## 柠檬扁桃仁奶酱

在厨师机中使用搅拌桨，将黄油、砂糖、扁桃仁粉和柠檬皮屑混合，最后加入全蛋。

## 柠檬酱

在深口平底锅中将水煮沸。将提前洗净的柠檬放入沸水中煮大约20分钟。放入食物料理机（Thermomix）中打成酱。

## 橙色&黄色喷砂

按照第338页的说明制作橙色和黄色喷砂。

## 组装

在用甜酥面团制作的甜酥挞皮中填入扁桃仁奶酱，放入烤箱中，以170摄氏度烘烤约8分钟。冷却15分钟左右。抹一层薄薄的柠檬酱，接着挤入青柠啫喱至挞壳高度，用抹刀抹平。用青柠啫喱在中心部分制作拱形，放入冷柜冷冻。

## 裱花

将甘纳许用打蛋器打发，使用圣多诺125号裱花嘴在硅胶烤垫上挤花，挤3个圆弧作为花瓣，放入冷柜冷冻大约4小时。其中四分之三的花瓣喷成橙色，剩余四分之一的花瓣喷成黄色，将它们放在组装好的挞上。接着制作雌蕊部分，使用2毫米圆口裱花嘴将甘纳许挤成条状。再装饰旱金莲花，放入冰箱，冷藏保存4小时。

# BABA
# 巴巴蛋糕

●巴巴面团

详见第341页

●柔软朗姆奶油

200克淡奶油

20克砂糖

1根香草荚

20克哈瓦那俱乐部精选大师朗姆酒

（rhum Havana Club Selection de Maestro）

●巴巴糖浆

详见第343页

●香缇奶油

520克淡奶油

2根香草荚

20克砂糖

50克马斯卡彭奶酪

14克吉利丁冻

（2克吉利丁粉和12克水调制而成）

●香草镜面

100克中性镜面果胶

1克香草颗粒（或香草籽）

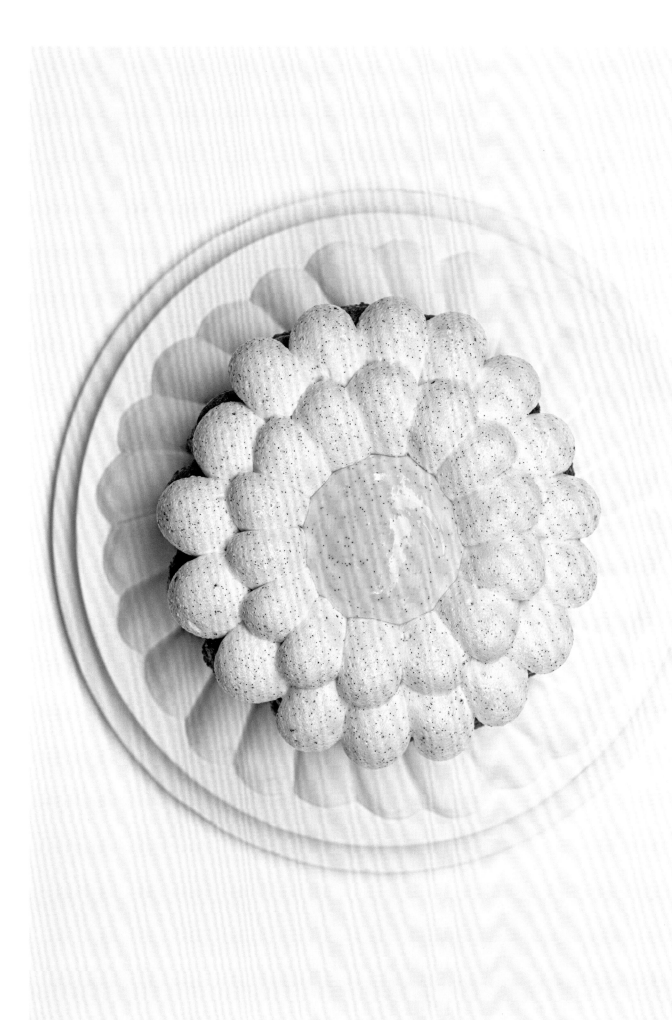

## 巴巴面团

按照第341页的说明制作巴巴面团。

将面团挤入18厘米直径的布里欧修模具中，放入烤箱，以180摄氏度烘烤15分钟，接着转160摄氏度，烘烤15分钟，最后以140摄氏度烘烤6分钟。

## 柔软朗姆奶油

在深口平底锅中将淡奶油、砂糖和剖开的香草荚和香草籽加热，离火，盖上盖子，浸泡10分钟。过筛，加入朗姆酒后冷藏保存。

## 巴巴糖浆

按照第343页的说明制作巴巴糖浆。

## 香缇奶油

在深口平底锅中将三分之一的淡奶油和剖开的香草荚和香草籽、砂糖一起加热。煮至沸腾后，倒入马斯卡彭奶酪和吉利丁冻中，过筛。混合。慢慢加入剩余的淡奶油。放入冰箱冷藏储存。

## 组装

前一天，将巴巴糖浆煮至62摄氏度，将巴巴面团完全浸入其中。静置12小时左右。第二天，用勺子将巴巴蛋糕中心部分挖开，将一部分柔软朗姆奶油灌入其中。

## 装饰

将剩余的柔软朗姆奶油用电动打蛋器打发，接着在厨师机中使用球桨打发香缇奶油。用装有14号裱花嘴的裱花袋，在巴巴上挤球状香缇奶油，将球形向外挤，然后向内将花瓣拉长。最后用柔软朗姆奶油挤一个漂亮的圆球，作为巴巴花朵的中心。

## 香草镜面

在深口平底锅中将中性镜面果胶和香草籽煮沸，倒入喷枪中，直接喷在蛋糕上。

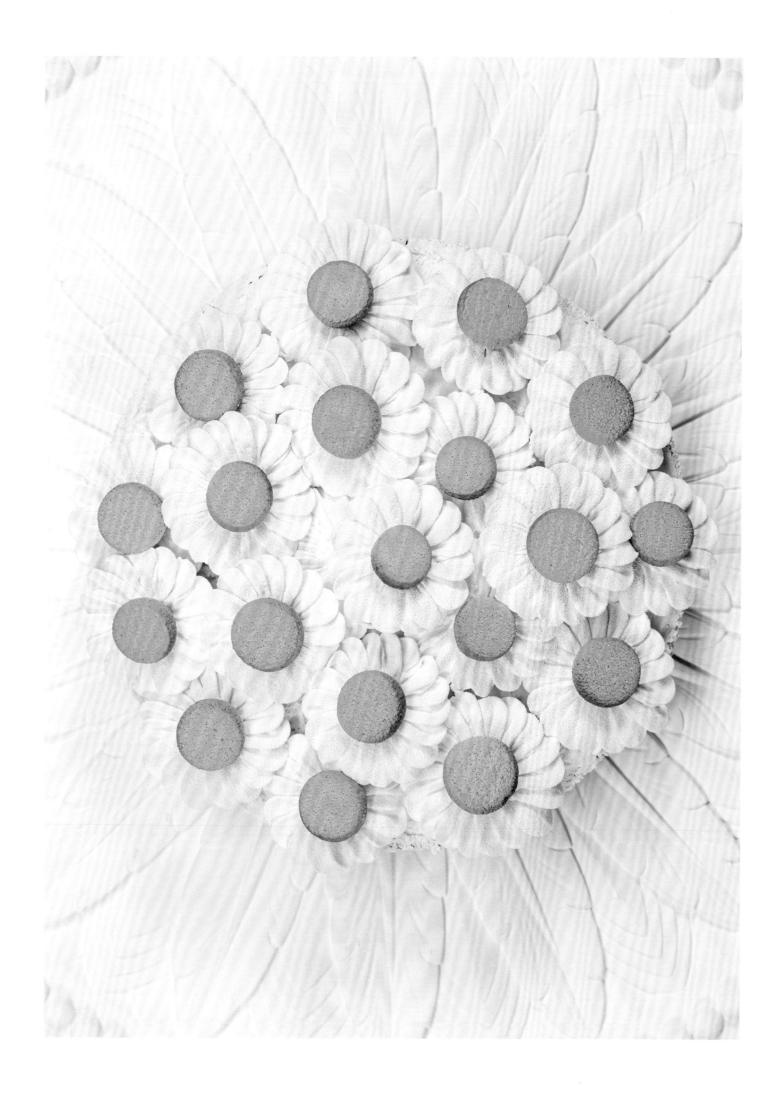

# PÂQUERETTE

## 雏菊

●椰子甘纳许

240克淡奶油

50克烤过的椰蓉

100克蛋黄

50克砂糖

21克吉利丁冻

（3克吉利丁粉和18克水调制而成）

650克椰子果茸

400克马斯卡彭奶酪

●椰子啫喱

250克椰子果茸

2.5克黄原胶

●柠檬啫喱

600克柠檬汁

60克砂糖

12克琼脂粉

●钻石面团

详见第342页

●扁桃仁-椰子达克瓦兹

125克蛋清

55克砂糖

55克扁桃仁粉

55克椰蓉

20克面粉

85克糖粉

●椰子帕林内

详见第342页

●椰子脆层

详见第337页

●白色喷砂

详见第338页

●橙色&黄色喷砂

详见第338页

## 椰子甘纳许

　　将淡奶油和烤过的椰蓉煮沸，将蛋黄和砂糖混合，再将一小部分煮沸的淡奶油倒入蛋黄混合物中，接着重新倒入深口平底锅中，制作英式蛋奶酱。煮2分钟后，加入吉利丁冻和椰子果茸混合均匀。过筛，接着加入马斯卡彭奶酪，放入冰箱冷藏静置12小时左右。

## 钻石面团

　　按照第342页的说明制作钻石面团。

## 椰子帕林内&椰子脆层

　　按照第342页的说明制作椰子帕林内。按照第337页的说明制作椰子脆层。

## 椰子啫喱

　　将椰子果茸和黄原胶混合。

## 柠檬啫喱

　　在深口平底锅中将柠檬汁煮沸，加入砂糖和琼脂粉的混合物，混合后放入冰箱冷藏凝固。

## 扁桃仁-椰子达克瓦兹

　　制作法式蛋白霜：将砂糖分3次加入蛋清中打发。当提起时的状态是"鸟喙状"时表示蛋白霜已经制作好，加入过筛的粉类。将达克瓦兹挤入24厘米直径的圆模中，放入烤箱，以170摄氏度烘烤约18分钟。

## 白色、黄色&橙色喷砂

　　按照第338页的说明制作白色、黄色和橙色喷砂。

# 组装

使用电动打蛋器打发甘纳许。制作内馅：在24厘米直径的圆模中，放入达克瓦兹，抹一层椰子啫喱，点缀一些椰子帕林内和柠檬啫喱，帕林内数量是啫喱的4倍，放入冷柜冷冻大约3小时。在直径26厘米的慕斯模具中，将甘纳许挤在模具整个表面，在中心部分多挤一些，确保内馅能完全在正中心。放入内馅，接着覆盖甘纳许，用抹刀抹平。放入冷柜冷冻约6小时凝固。轻轻地脱模。在钻石面团的底部，抹一层椰子脆层，接着挤一层非常薄的柠檬啫喱，放入冷冻的内馅。

# 装饰

### 第一阶段

在硅胶烤垫上或小的金属支架上，使用装有圣多诺104号裱花嘴的裱花袋，用甘纳许制作雏菊。首先挤一小条直线，到达尽头后，转一个形似食指大小的小弧度，接着回到起点处。重复这样的操作，用一片接着一片的花瓣制作雏菊。一共制作约20朵雏菊覆盖蛋糕。放入冰柜冷冻凝固大约4小时。用喷枪在花瓣上均匀地覆盖白色喷砂。

### 第二阶段

制作雏菊的中心部分：将剩余的柠檬啫喱灌入3厘米圆片软模具中，放入冷柜冷冻凝固约3小时。使用喷枪在中心部分均匀地覆盖黄色喷砂，接着覆盖薄薄的橙色喷砂。将喷砂后的中心部分放在雏菊中央，将雏菊均匀地摆放在蛋糕上。享用前放入冰箱冷藏约4小时。

# CiTRON

## 香草柠檬 VANiLLE

● **香草甘纳许**

235克淡奶油

1根香草荚

50克调温象牙白巧克力

14克吉利丁冻

（2克吉利丁粉和12克水调制而成）

● **柠檬果酱**

1根香草荚

115克柠檬

115克柠檬汁

25克液体蜂蜜

● **甜酥面团**

详见第342页

● **柠檬奶酱**

70克柠檬汁

80克全蛋

7克液体蜂蜜

7克吉利丁冻

（1克吉利丁粉和6克水调制而成）

85克黄油

● **香草扁桃仁奶酱**

详见第336页

● **黄色喷砂**

详见第338页

● **流金喷砂**

220克樱桃酒

120克金粉<sup>注</sup>

● **组装**

10块柠檬果肉（去皮）

注：添加金粉违反了《中华人民共和国食品安全法》的有关规定。请勿模仿。后文同。

## 香草甘纳许

前一天，在深口平底锅中，将一半的淡奶油加热，加入剖开的香草荚和香草籽，离火，盖上盖子，浸泡10分钟左右。再次加热后过筛。倒入切碎的白巧克力、吉利丁冻和剩余淡奶油中，混合得到均匀的甘纳许。放入冰箱冷藏大约12小时。

## 甜酥面团

按照第342页的说明制作甜酥面团。

## 香草扁桃仁奶酱

按照第336页的说明制作香草扁桃仁奶酱。

## 柠檬果酱

从香草荚中取出香草籽。将提前洗净的柠檬去掉两端，切成小块，和香草籽一起用均质机打碎。在深口平底锅中将所有食材煮沸。

## 柠檬奶酱

在深口平底锅中将柠檬汁煮沸，加入全蛋和蜂蜜，不断搅拌加热至105摄氏度。离火，加入吉利丁冻和黄油。

## 黄色喷砂

按照第338页的说明制作黄色喷砂。

## 流金喷砂

将樱桃酒和金粉混合。

## 组装

在用甜酥面团制作的甜酥挞皮中填入扁桃仁奶酱，以170摄氏度烘烤约8分钟，冷却15分钟左右。将柠檬果酱填入挞壳一半的高度。上面摆放切成小块的柠檬果肉，轻轻地按压。接着覆盖柠檬奶酱，用抹刀抹平。

## 装饰

使用电动打蛋器将甘纳许打发。使用小金属支架和圣多诺20号裱花嘴，用打发甘纳许制作"火焰"状裱花：从蛋糕的外侧向中心，先制作第一圈环状"火焰"，接着交错制作下一圈。使用喷枪在蛋糕表面均匀地覆盖一层黄色喷砂，流金喷砂也重复相同的操作。享用前放入冰箱冷藏约4小时。

**❀甜酥面团**

详见第342页

**❀青柠扁桃仁奶酱**

65克黄油

65克砂糖

65克扁桃仁粉

25克青柠皮屑

65克全蛋

**❀青柠啫喱**

3个青柠

10克橄榄油

75克液体蜂蜜

30克葡萄糖浆

15克鼠尾草

15克薄荷

15克龙蒿

15克金盏花

**❀青柠奶酱**

70克青柠汁

80克全蛋

7克液体蜂蜜

7克吉利丁冻

（1克吉利丁粉和6克水调制而成）

85克黄油

**❀蛋白霜**

详见第341页

**❀装饰**

防潮糖粉（可选）

## 甜酥面团

按照第342页的说明制作。

## 青柠扁桃仁奶酱

在厨师机中使用搅拌桨，将黄油和砂糖、扁桃仁粉和青柠皮屑混合均匀，慢慢加入全蛋，放入冰箱冷藏保存。

## 青柠啫喱

将提前洗净的青柠去掉两端，切成小块。用均质机打碎。在深口平底锅中，将做好的柠檬酱和橄榄油、蜂蜜、葡萄糖浆一起煮沸，得到顺滑的状态，加入配料中的花草混合。

## 青柠奶酱

在深口平底锅中将青柠汁煮沸，加入全蛋和蜂蜜，不断搅拌并加热至105摄氏度。离火，加入吉利丁冻和黄油。

## 蛋白霜

按照第341页的说明制作蛋白霜。

## 组装

在用甜酥面团制作的甜酥挞皮中填入扁桃仁奶酱，以170摄氏度烘烤约8分钟，冷却15分钟左右。接着填入青柠奶酱至挞壳的高度，用抹刀抹平。放入冷柜中，使奶酱充分冷冻。

## 装饰

使用装有14号圆口裱花嘴的裱花袋将蛋白霜挤成环状的"碎球"：裱花嘴先轻轻向上推，接着向下降，好像要中断动作，不再延伸。像这样一个接一个绕着蛋糕转一圈，再重复操作两到三次。形成直径越来越小的环形。当你开始新的一圈时，始终是和前面一圈交错的。在表面轻轻撒一层防潮糖粉，以165摄氏度烘烤16分钟。从烤箱取出，冷却。最后在蛋糕中心部分挤入青柠啫喱。

# ViOLETTE

## 紫罗兰

● 紫罗兰-黑加仑甘纳许

140克淡奶油

60克蛋黄

30克砂糖

14克吉利丁冻

（2克吉利丁粉和12克水调制而成）

230克黑加仑果茸

230克马斯卡彭奶酪

天然紫罗兰香精

● 黑加仑啫喱

500克黑加仑汁

50克砂糖

8克琼脂粉

3克黄原胶

500克黑加仑

● 白色喷砂

详见第338页

● 紫色喷砂

100克可可脂

100克白巧克力

1克紫色色粉

● 黑加仑镜面果胶

250克中性镜面果胶

40克黑加仑果茸

10克橄榄油

## 紫罗兰-黑加仑甘纳许

在深口平底锅中将淡奶油煮沸。将蛋黄和砂糖混合。将一小部分煮沸的淡奶油倒入蛋黄混合物中，接着重新倒入深口平底锅中，制作英式蛋奶酱。煮2分钟后，加入吉利丁冻和黑加仑果茸混合，过筛。接着加入马斯卡彭奶酪和几滴天然紫罗兰香精。放入冰箱冷藏12小时左右。

## 黑加仑啫喱

在深口平底锅中将黑加仑汁煮沸，然后加入粉类，混合，接着放入冰箱冷藏凝固。再次混合，保留一部分啫喱，之后会用到。将对半切开的黑加仑加入剩余的啫喱中。倒入8厘米长的船形（卡利松糖形）软模具中。放入冷柜冷冻，用来制作内馅。

## 白色喷砂

按照第338页的说明制作白色喷砂溶液。

将冷冻的内馅放入35摄氏度的喷砂溶液中蘸一下，让多余的部分滴落。

## 紫色喷砂

将可可脂融化，倒入切碎的巧克力中，和色粉一起混合直到质地均匀。

# 黑加仑镜面果胶

在深口平底锅中，将所有食材煮沸，充分混合均匀。

# 装饰

将保留的啫喱倒在船形内馅上。使用装有12毫米圆口裱花嘴的裱花袋，将甘纳许像不均匀的花瓣一样，从上向下挤在蘸了喷砂溶液的船形内馅周围，旨在和啫喱贴合，增加立体感。使用喷枪在表面均匀地覆盖紫色喷砂。在上方装饰提前裹了镜面果胶的黑加仑，享用前放入冰箱冷藏4小时。

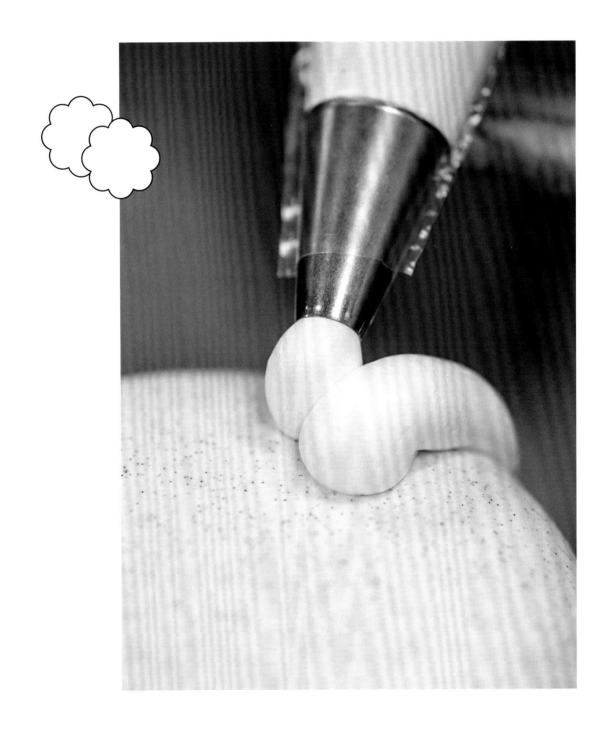

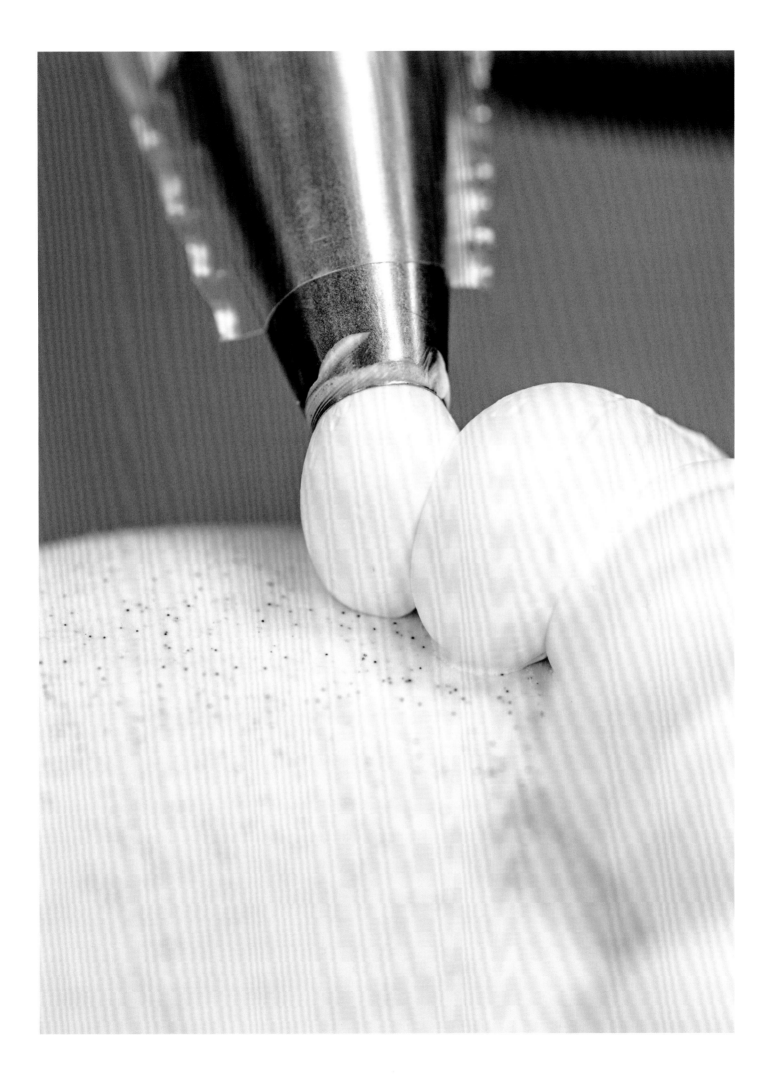

# 蜂蜜

● 蜂蜜甘纳许
240克淡奶油
100克蛋黄
60克蜂蜜
21克吉利丁冻
（3克吉利丁粉和18克水调制而成）
400克马斯卡彭奶酪

● 蜂蜜-扁桃仁帕林内
详见第342页

● 蜂蜜-扁桃仁脆层
详见第336页

● 蜂蜜-扁桃仁达克瓦兹
180克蛋清
75克森林蜂蜜
160克扁桃仁粉
160克糖粉

● 蜂蜜-柠檬啫喱
500克柠檬汁
50克砂糖
8克琼脂粉
2克黄原胶
15克薰衣草蜂蜜
70克柠檬果肉

● 花粉啫喱
500克柠檬汁
50克砂糖
5克琼脂粉
25克花粉

● 橙色&黄色喷砂
详见第338页

● 装饰
25克花粉

## 蜂蜜甘纳许

在深口平底锅中将淡奶油煮沸。蛋黄和蜂蜜混合。将一小部分煮沸的淡奶油倒入蛋黄混合物中，接着重新倒入深口平底锅中制作英式蛋奶酱。煮2分钟，加入吉利丁冻混合，过筛。接着加入马斯卡彭奶酪。放入冰箱冷藏静置12小时左右。

## 蜂蜜-扁桃仁帕林内

按照第342页的说明制作蜂蜜-扁桃仁帕林内。

## 蜂蜜-扁桃仁脆层

按照第336页的说明制作蜂蜜-扁桃仁脆层。

## 蜂蜜-扁桃仁达克瓦兹

在厨师机中使用球桨将蛋清打发。在深口平底锅中将蜂蜜煮沸，倒入打发的蛋清中，小心混合，不要过度消泡。过筛粉类，加入混合物中。将达克瓦兹面糊挤入16厘米直径的圆模中，厚度约1厘米。放入烤箱，以170摄氏度烘烤约16分钟。

## 蜂蜜-柠檬啫喱

在深口平底锅中将柠檬汁煮沸，加入提前混合好的砂糖和琼脂粉的混合物。当啫喱冷却后，放入食物料理机中搅打，使其充分松弛后加入黄原胶，接着加入蜂蜜。将啫喱和切成不同大小、块状的柠檬果肉混合。

## 花粉啫喱

在深口平底锅中将柠檬汁煮沸，加入提前混合好的砂糖和琼脂粉，混合。当啫喱冷却后，放入食物料理机中搅打，接着加入花粉。

## 橙色&黄色喷砂

按照第338页的说明制作橙色&黄色喷砂。

## 组装

使用电动打蛋器将甘纳许打发。制作内馅：轻轻去掉达克瓦兹的模具。在模具周围围上塑料围边，均匀地抹一层约2毫米厚的脆层，上面覆盖达克瓦兹圆饼。表面用裱花嘴挤点状的蜂蜜−柠檬啫喱和花粉啫喱，并完全覆盖表面。整体内馅的高度不要超过2.5厘米，一起放入冷柜冷冻6小时左右。将甘纳许挤入帕沃尼（Pavoni）品牌的直径18厘米的慕斯模具，覆盖整个表面，在中心部分多挤一些甘纳许，确保内馅完全在正中心。放入内馅，接着覆盖甘纳许，用抹刀抹平。放入冰柜冷冻凝固6小时左右，轻轻地脱模。

## 装饰

使用104号圣多诺裱花嘴，用打发的甘纳许在油纸上实现花瓣的制作。制作大花瓣：首先挤一条直线，到达尽头后，转一个形似食指大小的小弧度，接着回到起点处。花瓣之间互相接触，最后形成一朵花的形状，中间留出一个4厘米直径的圆。使用喷枪在表面均匀地覆盖黄色喷砂。接着在边缘覆盖橙色喷砂，表达出一种色彩的细腻变化。将花瓣放在蛋糕上，中心部分铺满新鲜的花粉，使其看起来像花心。享用前放入冰箱冷藏4小时左右。

# CAMÉLIA

## 山茶花

● 茶味甘纳许

780克淡奶油

50克白茶

175克调温象牙白巧克力

42克吉利丁冻

（7克吉利丁粉和35克水调制而成）

● 绿豆蔻-扁桃仁脆层

500克未去皮扁桃仁

40克水

130克砂糖

50克可可脂

100克薄脆片

25克绿豆蔻

2克海盐

● 柠檬-扁桃仁达克瓦兹

3个柠檬

80克蛋清

35克砂糖

70克扁桃仁粉

15克面粉

55克糖粉

● 山茶花啫喱

275克柠檬汁

15克山茶花

20克砂糖

3克琼脂粉

1克黄原胶

100克袋装费拉（Uera）芦荟

● 白色喷砂

详见第338页

● 装饰

防潮糖粉

## 茶味甘纳许

前一天，在深口平底锅中加热一半的淡奶油，加入白茶，离火，盖上盖子，浸泡10分钟左右。再次加热后过筛，倒入切碎的巧克力和吉利丁冻中，接着加入剩余的淡奶油。混合得到均匀的甘纳许。放入冰箱冷藏12小时左右。

## 绿豆蔻-扁桃仁脆层

将扁桃仁放入烤箱100摄氏度烘干1小时。将水和砂糖煮至110摄氏度，加入烘干的扁桃仁翻炒混合。冷却后，将扁桃仁、融化的可可脂、薄脆片、绿豆蔻和海盐混合。

## 柠檬-扁桃仁达克瓦兹

使用擦丝刨取柠檬皮屑。将砂糖分3次加入蛋清中打发，制作蛋白霜，当提起时的状态是"鸟喙状"时表示蛋白霜已经制作好。加入过筛的粉类和柠檬皮屑。将达克瓦兹面糊挤入16厘米直径的圆模中，放入烤箱以170摄氏度烘烤约16分钟。

## 山茶花啫喱

在深口平底锅中将柠檬汁煮沸。加入山茶花，煮沸5分钟。加入粉类，混合，然后放入冰箱冷藏凝固。凝固后再次混合。在啫喱中加入切成小块的费拉芦荟。

## 白色喷砂

按照第338页的说明制作白色喷砂。

## 组装

使用电动打蛋器将甘纳许打发。在16厘米直径的模具中，铺一层绿豆蔻-扁桃仁脆层。放入相同大小的达克瓦兹圆饼，倒一层啫喱在达克瓦兹上。放入冷柜冷冻大约6小时，此为内馅。将打发好的甘纳许挤入帕沃尼（Pavoni）品牌的18厘米慕斯模具，覆盖整个表面，在中心部分多挤一些甘纳许，确保内馅在正中心，放入用达克瓦兹制作的内馅，接着覆盖甘纳许，用抹刀抹平。冷冻约6小时后，轻轻脱模。

# 装饰

使用圣多诺125号裱花嘴，用甘纳许制作花瓣：像这样从蛋糕的底部向上裱花。水平地移动裱花嘴制作大片的花瓣。使用喷枪在蛋糕上均匀地覆盖喷砂。使用细纹路筛网在花朵表面撒上防潮糖粉。享用前放入冰箱冷藏4小时。

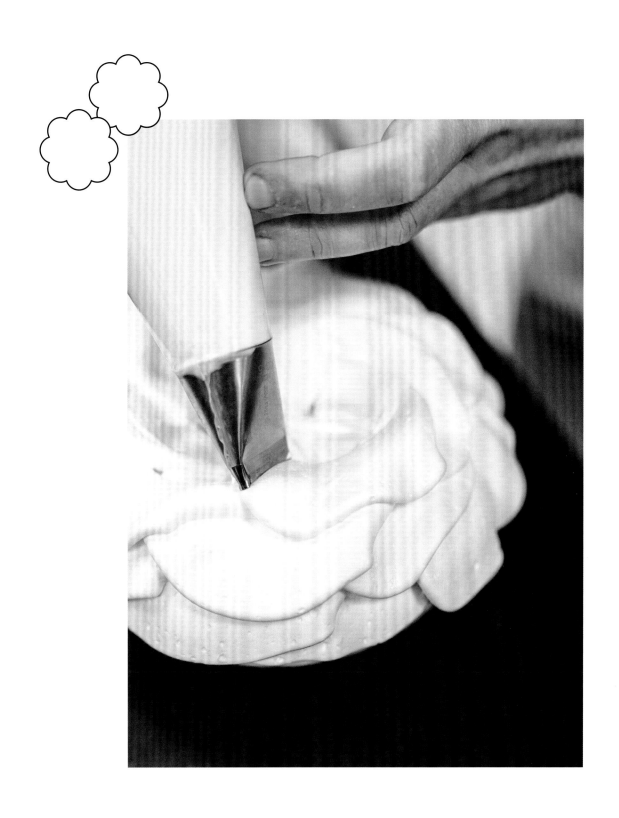

# PAMPLEMOUSSE

## 葡萄柚

●山椒注果甘纳许

530克淡奶油

120克牛奶

3克山椒果

145克白巧克力

25克吉利丁冻

（3.5克吉利丁粉和21.5克水调制而成）

●乔孔达饼底

详见第335页

●葡萄柚–山椒果酱内馅

150克柠檬汁

15克砂糖

2.5克琼脂粉

1克黄原胶

75克糖渍葡萄柚

25克葡萄柚皮屑

75克新鲜葡萄柚

1克山椒粉

1克山椒果

●柠檬啫喱

100克柠檬汁

10克砂糖

2克琼脂粉

●黄色喷砂

详见第338页

●粉红色喷砂

详见第338页

●装饰

1个葡萄柚

●玫瑰啫喱

100克柠檬啫喱

50克干玫瑰花瓣

注：山椒是一种原产自日本的花椒。

## 山椒果甘纳许

前一天，在深口平底锅中，将一半的淡奶油、牛奶和山椒果加热，倒入切碎的巧克力和吉利丁冻中，接着加入剩余的淡奶油，混合后得到均匀的甘纳许，接着过筛。放入冰箱冷藏约12小时。

## 乔孔达饼底

按照第335页的说明制作乔孔达饼底。

## 葡萄柚–山椒果酱内馅

在深口平底锅中将柠檬汁煮沸，接着加入提前拌匀的砂糖和琼脂粉，冷却。放入食物料理机中搅拌，充分松弛后加入黄原胶。加入糖渍葡萄柚、葡萄柚皮屑、切成小块的新鲜葡萄柚。将果酱倒入16厘米直径、1厘米高的模具中，放入冷柜冷冻凝固4小时。

## 柠檬啫喱

在深口平底锅中，将柠檬汁煮沸。加入提前拌匀的砂糖和琼脂粉，混合后放入冰箱冷藏凝固。

## 玫瑰啫喱

将柠檬啫喱和干玫瑰花瓣混合。

## 黄色喷砂

按照第338页的说明制作黄色喷砂。

## 粉红色喷砂

按照第338页的说明制作粉红色喷砂。

## 组装

使用电动打蛋器将甘纳许打发。将饼底放入直径16厘米、围有塑料围边的模具中。挤入一层薄薄的甘纳许，将冷冻的葡萄柚–山椒果酱内馅放在甘纳许上，再覆盖一层啫喱，用抹刀抹平。放入冷柜冷冻约6小时，此为内馅。将打发好的甘纳许挤入帕沃尼（Pavoni）品牌的18厘米慕斯模具，覆盖整个表面，在中心部分多挤一些甘纳许，确保内馅在正中心，放入内馅，接着覆盖甘纳许，用抹刀抹平。放入冷柜冷冻约6小时后，轻轻脱模。

# 装饰

第一阶段

用打发的甘纳许在蛋糕外层裱花，使用装有圣多诺125号裱花嘴的裱花袋制作玫瑰花瓣，形态是微微弯曲的圆弧形。

第二阶段

在蛋糕的内层，用圣多诺104号裱花嘴，向不规整的方向挤飘带状。让甘纳许具有灵动感。

第三阶段

用打发的甘纳许在蛋糕中心部分，使用4号圆口裱花嘴制作花朵雌蕊。

使用喷枪将三部分的表面均匀地覆盖黄色喷砂，接着在底部覆盖粉红色喷砂。葡萄柚去皮后取出果瓣，放入微波炉加热15～30秒。切掉外层的白色薄膜，取出中间的果肉部分，装饰在蛋糕的正中心。

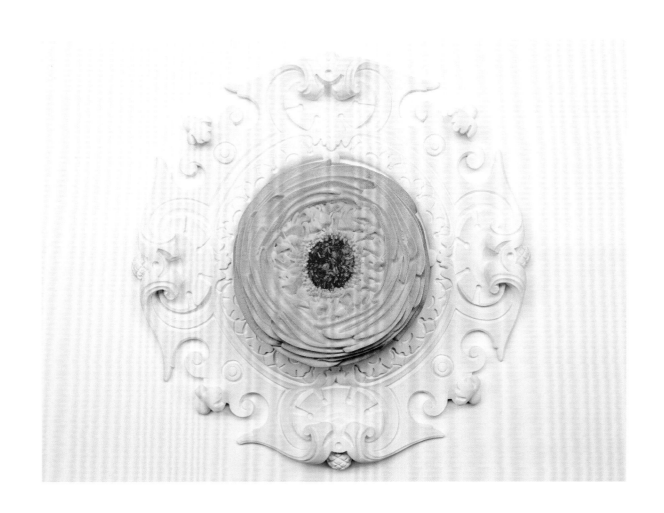

# LiLAS

## 丁香

● 泡芙饼底

10克牛奶

25克黄油

35克T45面粉

45克全蛋

40克蛋黄

80克蛋清

55克细砂糖

20颗蓝莓

● 乳脂甘纳许

200克淡奶油

85克蛋黄

40克砂糖

17克吉利丁冻

（2.5克吉利丁粉和14.5克水调制而成）

330克厚奶油

35克柠檬汁

330克马斯卡彭奶酪

● 丁香-蓝莓啫喱

400克蓝莓汁

15克丁香花

40克砂糖

6克琼脂粉

2克黄原胶

● 白色喷砂

详见第338页

● 组装

20颗蓝莓

## 泡芙饼底

在深口平底锅中将牛奶和黄油煮沸，持续沸腾1~2分钟。加入面粉，小火煮至面团不粘锅壁。将面团倒入厨师机中，使用搅拌桨搅拌，混合的目的是去除面团中的水汽。接着分3次加入全蛋和蛋黄。分3次加入细砂糖，将蛋清打发，当提起时的状态是"鸟喙状"时表示蛋白霜已经制作好。分3次将蛋白霜拌入泡芙面团中，搅拌至顺滑且均匀。将面糊挤入20厘米直径的模具中。将蓝莓加入面糊中，放入烤箱，以165摄氏度烘烤20~25分钟，在烘烤中途打开烤箱门，以避免产生冷凝水，冷却。

## 乳脂甘纳许

在深口平底锅中将淡奶油煮沸。将蛋黄和砂糖混合。将一小部分煮沸的淡奶油倒入蛋黄混合物中，接着重新倒入深口平底锅中，制作英式蛋奶酱。煮2分钟后，加入吉利丁冻和提前与柠檬汁混合的厚奶油，过筛，接着加入马斯卡彭奶酪。放入冰箱冷藏约12小时。

## 丁香–蓝莓啫喱

在深口平底锅中将蓝莓汁和丁香花煮沸，接着加入粉类。混合后放入冰箱冷藏凝固。

## 白色喷砂

按照第338页的说明制作白色喷砂。

## 组装

使用电动打蛋器将甘纳许打发。轻轻取下饼底的模具。将饼底放入一个大小相同、边上围有塑料围边的新模具中。上方留出1~2厘米。在饼底上抹一层啫喱，接着摆放新鲜的整粒蓝莓。用啫喱覆盖蓝莓，获得尽可能光滑的啫喱层，放入冷柜冷冻约1小时，此为内馅。将甘纳许挤入帕沃尼（Pavoni）品牌18厘米慕斯模具，覆盖整个表面，在中心部分多挤一些甘纳许，确保内馅完全在正中心，放入用饼底和啫喱制作的内馅，接着用甘纳许覆盖，用抹刀抹平。放入冰柜冷冻凝固约6小时，轻轻地脱模。

## 装饰

使用装有圣多诺125号裱花嘴的裱花袋一气呵成进行裱花。将蛋糕放在旋转的烘焙电唱机上，将裱花嘴握在手中，倾斜60度，从底部开始，利用手腕完成小波浪形的运动，一点点向上移至蛋糕顶端。用喷枪在蛋糕表面均匀地覆盖白色喷砂。

# TROPÉZiENNE
# 圣特罗佩挞

● **布里欧修面团**

250克面粉

6克盐

30克砂糖

10克酵母

112克全蛋

38克牛奶

25克黄油

珍珠糖

● **浸润糖浆**

1/4个橙子

1/4个柠檬

1/4个青柠

1/4个葡萄柚

250克水

250克砂糖

125克橙花水

● **香草卡仕达酱**

120克牛奶

20克淡奶油

1根香草荚

40克全蛋

35克砂糖

10克吉士粉

15克黄油

30克马斯卡彭奶酪

● **香草甘纳许**

312克淡奶油

1根香草荚

70克调温象牙白巧克力

18克吉利丁冻

（2.5克吉利丁粉和15.5克水调制而成）

● **外交官奶酱**

详见第336页

## 布里欧修面团

在厨师机中使用搅面钩进行操作，将除了黄油和珍珠糖的所有食材混合。使用1挡速搅拌35分钟，加入黄油，使用2挡速搅拌8分钟。放入冷藏室。松弛10小时。将面团放入18厘米直径的花形模具中，放置在24～25摄氏度的环境中，发酵大约2小时30分钟。用手指轻轻按压面团。撒上珍珠糖，入烤箱以170摄氏度烘烤12～13分钟。

## 浸润糖浆

制作柑橘类水果的皮屑。在深口平底锅中，将所有食材加热。过筛，接着用刷子蘸取糖浆，浸润布里欧修面团。

## 香草卡仕达酱

按照第336页的说明制作香草卡仕达酱。

## 香草甘纳许

前一天，在深口平底锅中加热淡奶油，加入剖开的香草荚和香草籽，离火，盖上盖子，浸泡10分钟左右。倒入切碎的巧克力和吉利丁冻中，混合得到均匀的甘纳许，过筛。放入冰箱冷藏约12小时。

## 外交官奶酱

详见第336页的说明制作外交官奶酱。

## 组装

将布里欧修面团轻轻地脱模后纵向切成两半。使用装有20号圆口裱花嘴的裱花袋，将外交官奶酱在布里欧修面团下层的表面挤出球形，再覆盖上层的布里欧修面团。

# SAKURA 樱花

● 樱花甘纳许

1千克淡奶油

100克蛋黄

50克砂糖

21克吉利丁冻

（3克吉利丁粉和18克水调制而成）

150克樱花酱

400克马斯卡彭奶酪

● 乔孔达饼底

140克全蛋

105克糖粉

105克扁桃仁粉

50克樱花茶粉

30克T55面粉

20克黄油

90克蛋清

15克砂糖

25克葡萄柚皮屑

● 日本柚子茶啫喱

500克柠檬汁

30克焙茶

50克砂糖

8克琼脂粉

3克黄原胶

150克糖渍日本柚子

● 粉红色喷砂

详见第338页

● 白色喷砂

详见第338页

● 装饰

防潮糖粉

## 樱花甘纳许

在深口平底锅中将淡奶油煮沸。将蛋黄和砂糖混合。将一小部分煮沸的淡奶油倒入蛋黄混合物中，接着重新倒入深口平底锅中，制作英式蛋奶酱。煮2分钟后，加入吉利丁冻和樱花酱混合，过筛，接着加入马斯卡彭奶酪，放入冰箱冷藏12小时左右。

## 乔孔达饼底

厨师机中使用球桨进行搅拌，将全蛋、糖粉、扁桃仁粉和樱花茶粉打发，加入面粉和融化的黄油。将蛋清加入砂糖打发，加入葡萄柚皮屑。将两者混合。将面糊倒在铺有烘焙烤垫（Silpat）的烤盘上抹平，放入烤箱，以180摄氏度烘烤10分钟，冷却。用切模切成16厘米直径的圆形。

## 日本柚子茶啫喱

在深口平底锅中将柠檬汁煮沸，加入焙茶沸腾5分钟。然后加入粉类混合后放入冰箱冷藏凝固。当啫喱凝固后，再次混合，加入糖渍日本柚子。

## 白色&粉红色喷砂

按照第338页的说明制作白色&粉红色喷砂。

## 组装

使用电动打蛋器将甘纳许打发。轻轻取下饼底的模具，将饼底放入一个大小相同、边上围有塑料围边的新模具中。在饼底上抹一层尽可能光滑的啫喱，一起放入冷冻室约6小时，此为内馅。将甘纳许挤入帕沃尼（Pavoni）品牌18厘米慕斯模具中，覆盖整个表面，在中心部分多挤一些甘纳许，确保内馅完全在正中心，放入用乔孔达饼底和日本柚子茶啫喱制作的内馅，接着用甘纳许覆盖，用抹刀抹平。放入冷冻室凝固约6小时。

# 装饰

　　使用装有圣多诺104号裱花嘴的裱花袋，用甘纳许制作花瓣：首先用甘纳许制作小的圆球，放入冷冻室凝固，用牙签戳入其中。在小圆球上挤5片小花瓣，接着在中心部分挤一些形似雌蕊的迷你的小杆，放入冰柜冷冻。在花的表面喷白色喷砂，花瓣末端喷粉红色喷砂。将花朵和谐地摆放在蛋糕上，最后撒一层薄薄的防潮糖粉。

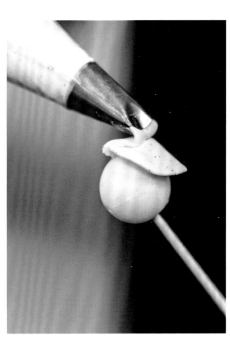

# COQUELICOT

## 虞美人

● 生奶油甘纳许

200克淡奶油

85克蛋黄

40克砂糖

17克吉利丁冻

（2.5克吉利丁粉和14.5克水调制而成）

330克马斯卡彭奶酪

150克生奶油

1克竹炭粉

● 泡芙饼底

10克牛奶

25克黄油

35克T45面粉

45克全蛋

40克蛋黄

80克蛋清

55克细砂糖

10个草莓

● 虞美人-草莓啫喱

400克草莓汁

40克砂糖

6克琼脂粉

2克黄原胶

5克糖渍虞美人花瓣

● 烟米-扁桃仁脆层

35克砂糖

100克薄脆片

100克扁桃仁

20克烟米

10克葡萄籽油

10克可可脂

● 红宝石淋面

400克淡奶油

6克土豆淀粉

42克吉利丁冻

（6克吉利丁粉和36克水调制而成）

5克脂溶性红色色素

● 红宝石喷砂

详见第338页

● 组装和装饰

烟米

## 生奶油甘纳许

在深口平底锅中将淡奶油煮沸。将蛋黄和砂糖混合。将一小部分煮沸的淡奶油倒入蛋黄混合物中，接着重新倒入深口平底锅中，制作英式蛋奶酱。煮2分钟，加入吉利丁冻混合，过筛，随后加入马斯卡彭奶酪和生奶油。放入冰箱冷藏约12小时。取150克甘纳许和竹炭粉混合，冷藏保存。

## 泡芙饼底

在深口平底锅中将牛奶和黄油煮沸，持续沸腾1～2分钟。加入面粉，小火煮至面团不粘锅壁。将面团倒入厨师机中，使用搅拌桨搅拌。混合的目的是去除面团中的水气。接着分3次加入全蛋和蛋黄。分3次加入细砂糖，将蛋清打发。当提起时的状态是"鸟喙状"时表示蛋白霜已经制作好。分3次将蛋白霜拌入泡芙面团中，搅拌至顺滑且均匀。将面糊挤入直径18厘米的模具中。将切成两半的草莓加入面糊中，放入烤箱，以165摄氏度烘烤20～25分钟，在烘烤中途打开烤箱门，以避免产生冷凝水，冷却。

## 虞美人 - 草莓啫喱

在深口平底锅中将草莓汁煮沸，加入所有粉类，混合后放入冰箱冷藏凝固。再次混合后加入糖渍虞美人花瓣。

## 烟米 - 扁桃仁脆层

使用砂糖制作干焦糖，通过这样的方法得到30克焦糖。冷却至焦糖凝固。分别混合薄脆片、焦糖和扁桃仁以及烟米，混合过程中慢慢加入葡萄籽油。在厨师机中使用搅拌桨搅拌，一点点加入融化的可可脂。将所有食材混合。

## 红宝石淋面

淡奶油煮沸，加入土豆淀粉后再次煮沸。加入吉利丁冻和色素，均质后过筛。

## 红宝石喷砂

按照第338页的说明制作红宝石喷砂。

## 组装

　　使用电动打蛋器将甘纳许打发。轻轻取下饼底的模具，将饼底放入大小相同、提前抹了一层薄薄的脆层的模具中。再覆盖一层啫喱，总高度不要超过2.5厘米，一起放入冷柜冷冻约4小时，此为内馅。将甘纳许挤入帕沃尼（Pavoni）品牌的18厘米慕斯模具，覆盖整个表面，在中心部分多挤一些甘纳许，确保内馅完全在正中心，放入用脆层和啫喱组成的内馅，接着覆盖甘纳许，用抹刀抹平。放入冰柜冷冻凝固约6小时。将蛋糕放在烤网上，淋上红宝石淋面，边缘装饰烟米。

## 装饰

　　在4.5厘米直径的半球形软模具的反面，使用装有104号圣多诺裱花嘴的裱花袋制作4片大花瓣，放入冷柜冷冻凝固。轻轻脱模后翻转过来，得到花的形状。用喷枪在其表面均匀地覆盖红宝石喷砂。将花朵放在蛋糕上。将混合了竹炭粉的甘纳许打发，制作虞美人花的雌蕊：先用2毫米的圆口裱花嘴在正中心用生奶油甘纳许挤小条，接着在周围用加了竹炭粉的甘纳许挤条。最后装饰烟米。享用前放入冰箱冷藏约4小时。

# CROQUEM-

## 泡芙挞 BOUCHE

● **泡芙面团**

200克水

200克牛奶

8克盐

16克细砂糖

180克黄油

220克T65面粉

360克全蛋

珍珠糖

● **香草卡仕达酱**

420克牛奶

75克淡奶油

1根香草荚

135克蛋黄

120克砂糖

36克吉士粉

45克黄油

90克马斯卡彭奶酪

● **圣多诺焦糖**

30克砂糖

8克防潮基底粉

15克水

8克葡萄糖浆

250克艾素糖

● **扁桃仁焦糖底**

500克砂糖

500克葡萄糖浆

400克扁桃仁

## 泡芙面团

深口平底锅中将水、牛奶、盐、细砂糖和黄油煮沸，持续沸腾1～2分钟。加入面粉，小火煮至面团不粘锅壁。将面团倒入厨师机中使用搅拌桨搅拌。混合的目的是去除面团中的水汽。接着分3次加入全蛋。放入冰箱冷藏约2小时。在铺了透气烤垫（Silpain）的烤盘上，挤5～6厘米直径的泡芙。在1/4泡芙的表面撒珍珠糖。放入平炉，以175摄氏度烘烤30分钟（或者使用传统烤箱：将泡芙放入提前预热好的260摄氏度烤箱，关闭烤箱15分钟，接着重新开启烤箱，以160摄氏度继续烘烤10分钟）。冷却。

## 香草卡什达酱

在深口平底锅中将牛奶和淡奶油煮沸，加入剖开的香草荚和香草籽，离火，盖上盖子，浸泡10分钟左右，再次煮沸过筛。与此同时，在盆中将蛋黄和砂糖、吉士粉打至发白，将煮沸的液体倒入，煮沸2分钟左右，加入黄油和马斯卡彭奶酪。在泡芙中灌满卡什达酱。

## 圣多诺焦糖

在深口平底锅中将提前混合的砂糖和防潮基底粉，与水和葡萄糖浆一起在深口平底锅中加热。在另一个深口平底锅中加热艾素糖，煮至150摄氏度时，将其加入前面的混合物中，混合得到褐色的焦糖。

## 扁桃仁焦糖底

在深口平底锅中将砂糖和葡萄糖浆煮至185摄氏度，加入扁桃仁碎，焦糖化2分钟左右。将扁桃仁焦糖底倒在铺有烘焙烤垫的直径18厘米的花形模具中，放在室温下凝结。

## 泡芙挞组装

使用木签固定冷却后（未撒珍珠糖）的泡芙，将表面圆形部分浸入热的焦糖中。冷却一会儿后，圆面朝外，在每个扁桃仁焦糖底的边上粘上焦糖泡芙。交错放置焦糖泡芙和珍珠糖泡芙，形成一个圆环。放置下一个花形扁桃仁焦糖底，然后重复刚才的操作，直到最后完成整个泡芙挞。

# LAVAND

## 薰衣草

● 薰衣草甘纳许

800克淡奶油

25克薰衣草

215克调温象牙白巧克力

14克吉利丁冻

（2克吉利丁粉和12克水调制而成）

● 巴巴面团

详见第341页

● 巴巴糖浆

详见第343页

● 杏子果酱

600克杏子果茸

6克黄原胶

6克柠檬酸

200克切成小块的生杏

● 薰衣草镜面果胶

100克中性镜面果胶

10克薰衣草花

● 蓝色喷砂

100克可可脂

100克白巧克力

2克蓝色色素

1克黑色色素

## 薰衣草甘纳许

前一天，在深口平底锅中将一半的淡奶油和薰衣草煮沸，离火，盖上盖子，浸泡5分钟，用手持均质机搅拌，再次煮沸。煮沸后立即倒入切碎的巧克力和吉利丁冻中，过筛，加入剩余的淡奶油混合，得到均匀的甘纳许。放入冰箱冷藏静置12小时左右。

## 巴巴面团

按照第341页的说明制作巴巴面团。

将巴巴面团挤入蛋糕模具中，放入烤箱，以180摄氏度烘烤15分钟，再调至160摄氏度烘烤15分钟，最后以140摄氏度烘烤6分钟。

## 巴巴糖浆

按照第343页的说明制作巴巴糖浆。

## 杏子果酱

将果茸和黄原胶、柠檬酸混合，加入杏块拌匀，放入冰箱冷藏。

## 薰衣草镜面果胶

在深口平底锅中将中性镜面果胶和薰衣草花混合。

## 蓝色喷砂

将可可脂融化后倒入切碎的巧克力中，和色素混合后得到均匀的混合物。

## 组装

将糖浆加热至62摄氏度后，将巴巴蛋糕充分浸润其中，静置12小时左右。第二天，将巴巴蛋糕从糖浆中取出后放回原来的模具中。抹一层杏子果酱。放入冷冻柜冷冻约4小时。

## 装饰

轻轻将蛋糕脱模。使用电动打蛋器打发甘纳许。用装有104号圣多诺裱花嘴的裱花袋，沿着长边挤长条状的打发甘纳许，中心留空。使用手腕稍稍转动，使其有一个卷曲的收尾。表面用喷枪均匀地覆盖蓝色喷砂。将薰衣草镜面果胶挤入中心。

# LUNETTE

# FRAMBOISE
## 覆盆子眼镜饼干

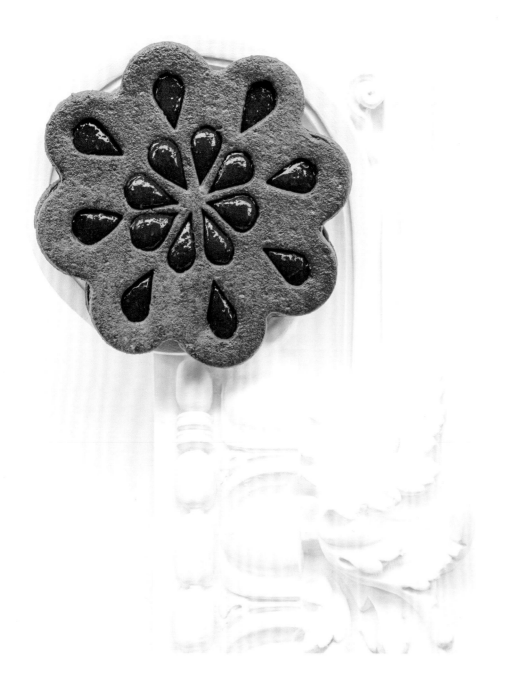

## 维也纳沙布雷

　　将香草荚剖成两半，取出其中的香草籽，将香草荚放入烤箱以160摄氏度烘烤20分钟。将烤过的香草荚研磨成非常细的粉。将膏状黄油和盐、香草籽、香草粉用刮刀混匀，依次加入过筛的糖粉、蛋清和过筛的面粉，混合得到均匀的面团。将一半的维也纳沙布雷面团挤入18厘米花形模具的底部。另一半挤入第二个相同大小的模具中。放入烤箱。将两个沙布雷用170摄氏度烘烤20分钟左右。如果你只有一个模具也可以分两次烘烤。从烤箱中取出，用切模在其中一片饼干的每个花瓣内切割出泪滴状，同样在它的中央制作组成花形的8滴泪滴。

## 覆盆子果酱

　　往锅中慢慢加入覆盆子，熬煮30分钟，加入覆盆子汁，将覆盆子炖煮成果酱，加入剩余的食材，混合后煮沸1分钟，放入冰箱冷藏保存。

## 组装

　　在没有任何装饰的那片饼干上，挤一层厚厚的覆盆子果酱，注意不要挤到边缘，防止果酱外溢。盖上第二片饼干。在每一滴泪滴中挤入果酱，中央处挤得更多一些。

ÉTÉ

# 夏日之花

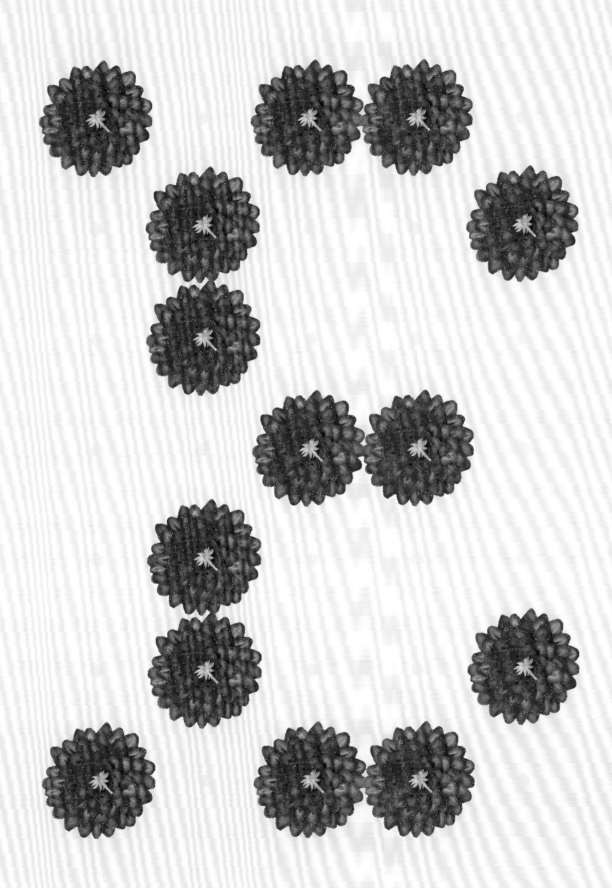

# VANiLLE 香草

● 香草甘纳许

详见第340页

● 甜酥面团

详见第342页

● 香草脆层

详见第337页

● 牛奶奶酱

120克含糖炼乳

4克香草颗粒

（或香草籽）

120克无糖炼乳

2克黄原胶

1克竹炭粉

● 扁桃仁达克瓦兹

80克蛋清

35克砂糖

70克扁桃仁粉

15克面粉

55克糖粉

● 香草镜面

100克中性镜面果胶

1克香草颗粒

（或香草籽）

## 香草甘纳许

按照第340页的说明制作香草甘纳许。

## 甜酥面团

按照第342页的说明制作甜酥面团。

## 香草脆层

按照第337页的说明制作香草脆层。

## 牛奶奶酱

将含糖炼乳放入烤箱，以90摄氏度烘烤4小时，将所有食材混合至浓稠。

## 扁桃仁达克瓦兹

制作法式蛋白霜：在蛋清中分3次加入砂糖打发，当提起时的状态是"鸟喙状"时，表示蛋白霜已经制作好，加入过筛的粉类。将达克瓦兹面糊挤入20厘米直径的圆模中，放入烤箱以170摄氏度烘烤16分钟。

## 组装

将香草脆层填入甜酥面团一半的高度。接着加入牛奶奶酱至4/5高度处。为了裱花更容易，将达克瓦兹脱模后手动修整1~2厘米，将它放在甜酥挞皮的上面。

## 装饰

使用电动打蛋器将甘纳许打发，用金属支架和装有圣多诺125号裱花嘴的裱花袋，挤出不规则的花瓣。将裱花袋用一只手握住，倾斜20度左右，另一只手做圆周运动，在中心处垂直下压，形成花瓣的尖端。

## 香草镜面

在深口平底锅中，将中性镜面果胶和香草颗粒煮沸，倒入喷枪中，直接喷在蛋糕上。

# FRAMBOISIER EN PÉTALES

## 覆盆子花瓣蛋糕

● 泡芙饼底

10克牛奶
25克黄油
35克T45面粉
45克全蛋
40克蛋黄
80克蛋清
55克细砂糖
10颗覆盆子

● 香草卡仕达酱

120克牛奶
20克淡奶油
1根香草荚
40克蛋黄
35克砂糖
10克吉士粉
15克黄油
30克马斯卡彭奶酪

● 香草甘纳许

625克淡奶油
1根香草荚
140克调温象牙白巧克力
35克吉利丁冻
（5克吉利丁粉和30克水调制而成）

● 外交官奶酱

详见第336页

● 糖渍覆盆子

300克覆盆子
30克砂糖

● 覆盆子啫喱

详见第341页

● 红宝石喷砂

详见第338页

● 组装

1/4个青柠
500克覆盆子

## 泡芙饼底

在深口平底锅中将牛奶和黄油煮沸，持续沸腾2分钟。加入面粉，小火煮至面团不粘锅壁。将面团倒入厨师机中，使用搅拌桨搅拌。混合的目的是去除面团中的水汽。接着分3次加入全蛋和蛋黄。分3次加入细砂糖将蛋清打发。当提起时的状态是"鸟喙状"时，表示蛋白霜已经制作好。分3次将蛋白霜拌入泡芙面团中，搅拌至顺滑且均匀，挤入直径20厘米的模具中。将覆盆子加入面糊中，放入烤箱，以165摄氏度烘烤20～25分钟，在烘烤中途打开烤箱门，以避免产生冷凝水，冷却。

## 香草卡仕达酱

按照第336页的说明制作香草卡仕达酱。

## 香草甘纳许

按照第340页的说明制作香草甘纳许。

## 外交官奶酱

按照第336页的说明制作外交官奶酱。

## 糖渍覆盆子

洗净、沥干覆盆子。将它们放在托盘上，撒上砂糖。盖上盖子，用保鲜膜包好。如果没有盖子，可以用保鲜膜包两层。保鲜膜必须包得非常紧，使整体是密闭的状态，使用蒸汽烤箱，以100摄氏度蒸1小时15分钟左右。保留覆盆子汁，用于制作啫喱。

## 覆盆子啫喱

按照第341页的说明制作覆盆子啫喱。

## 红宝石喷砂

按照第338页的说明制作红宝石喷砂。

## 组装

　　轻轻取下饼底的模具。将饼底放入一个大小相同，边上围有塑料围边的新模具中。上方留出1~2厘米。用裱花袋在饼底表面挤一层薄薄的外交官奶酱，边缘挤入更多奶油，用抹刀抹平，以获得完整的轮廓。在蛋糕的中心，将糖渍覆盆子放在外交官奶酱上。将一半的覆盆子啫喱搅拌后挤入蛋糕空隙中，获得几乎光滑的表面。剩下一部分覆盆子啫喱搅拌后保存备用。将剩余啫喱切成小块后铺在蛋糕的中心。使用擦丝刨刨出青柠皮屑。组装结束时，蛋糕高度必须比塑料围边低5毫米左右。最后抹一层外交官奶酱，用抹刀抹平。放入冷柜冷冻保存约30分钟，接着薄薄地抹一层备用的覆盆子啫喱，用抹刀抹平。

## 装饰

　　使用电动打蛋器将香草甘纳许打发。使用装有圣多诺104号裱花嘴的裱花袋，在蛋糕的边缘从顶部开始向底部呈对角线裱花。将红宝石喷砂倒入喷枪，在边缘薄薄地喷出斑点。将对半切开的覆盆子按环状摆放，像同心圆一样。最后在中心留出空隙，中间填满覆盆子啫喱。

# 野草莓蛋糕 FRAISIER

# DES BOIS

● 乔孔达饼底
详见第335页

● 香草卡仕达酱
120克牛奶
20克淡奶油
1根香草荚
40克蛋黄
35克砂糖
10克吉士粉
15克黄油
30克马斯卡彭奶酪

● 香草甘纳许
625克淡奶油
1根香草荚
140克调温象牙白巧克力
35克吉利丁冻
（5克吉利丁粉和30克水调制而成）

● 外交官奶酱
详见第336页

● 糖渍草莓
300克草莓
30克砂糖

● 草莓啫喱
详见第340页

● 红宝石喷砂
详见第338页

● 组装
1/4个青柠
500克野草莓

## 乔孔达饼底

按照第335页的说明制作乔孔达饼底。

## 香草卡仕达酱

按照第336页的说明制作香草卡仕达酱。

## 香草甘纳许

按照第340页的说明制作香草甘纳许。

## 外交官奶酱

按照第336页的说明制作外交官奶酱。

## 糖渍草莓

洗净、沥干草莓。将它们放在托盘上，撒上砂糖。盖上盖子，用保鲜膜包好。如果没有盖子，可以用保鲜膜包两层。保鲜膜必须包得非常紧，使整体是密闭的状态，使用蒸汽烤箱，以100摄氏度蒸1小时15分钟左右。保留草莓汁用于制作啫喱。

## 草莓啫喱

按照第340页的说明制作草莓啫喱。

## 红宝石喷砂

按照第338页的说明制作红宝石喷砂。

## 组装

轻轻取下饼底的模具。将饼底放入一个大小相同、边上围有塑料围边的新模具中。上方留出1~2厘米。用裱花袋在饼底表面挤一层薄薄的外交官奶酱。边缘挤入更多外交官奶酱，用抹刀抹平，以获得完整的轮廓。在蛋糕的中心，将糖渍草莓放在外交官奶酱上。将一半的草莓啫喱搅拌后挤入蛋糕空隙中，获得几乎光滑的表面。剩下一部分草莓啫喱搅拌后保存备用。将剩余啫喱切成小块后铺在蛋糕的中心。使用擦丝刨刨出青柠皮屑。组装结束时，蛋糕高度必须比塑料围边低5毫米左右。最后抹一层外交官奶酱，用抹刀抹平。放入冷冻保存约30分钟，接着薄薄地抹一层备用的草莓啫喱，用抹刀抹平。

## 装饰

　　使用电动打蛋器打发香草甘纳许。将裱花袋剪出3毫米的圣多诺裱花嘴状缺口。从蛋糕顶部开始挤小而规则的"火焰"，一圈接一圈地持续裱花。使用喷枪在蛋糕上均匀地覆盖红宝石喷砂，在中心装饰野草莓。

# CERISIER
## 车厘子蛋糕

● **泡芙饼底**

10克牛奶

25克黄油

35克T45面粉

45克全蛋

40克蛋黄

80克蛋清

55克细砂糖

10颗车厘子

● **外交官奶酱**

详见第336页

● **组装**

1/4个青柠

500克车厘子

● **香草卡仕达酱**

120克牛奶

20克淡奶油

1根香草荚

40克蛋黄

35克砂糖

10克吉士粉

15克黄油

30克马斯卡彭奶酪

● **糖渍车厘子**

300克车厘子

30克砂糖

● **香草镜面**

100克中性镜面果胶

1克香草颗粒

（或香草籽）

● **香草甘纳许**

625克淡奶油

1根香草荚

140克调温象牙白巧克力

35克吉利丁冻

（5克吉利丁粉和30克水调制而成）

● **车厘子啫喱**

400克车厘子汁

40克砂糖

6克琼脂粉

2克黄原胶

## 泡芙饼底

在深口平底锅中将牛奶和黄油煮沸，持续沸腾1～2分钟。加入面粉，小火煮至面团不粘锅壁。将面团倒入厨师机中，使用搅拌桨搅拌。混合的目的是去除面团中的水汽。接着分3次加入全蛋和蛋黄。分3次加入细砂糖将蛋清打发。当提起时的状态是"鸟喙状"时表示蛋白霜已经制作好。分3次将蛋白霜拌入泡芙面团中，搅拌至顺滑且均匀，挤入直径20厘米的模具中。将去核的车厘子对半切开加入面糊中，放入烤箱，以165摄氏度烘烤20～25分钟，在烘烤中途打开烤箱门，以避免产生冷凝水，冷却。

## 香草卡仕达酱

按照第336页的说明制作香草卡仕达酱。

## 香草甘纳许

按照第340页的说明制作香草甘纳许。

## 外交官奶酱

按照第336页的说明制作外交官奶酱。

## 糖渍车厘子

洗净、沥干车厘子，然后去核。将它们放在托盘上，撒上砂糖。盖上盖子，用保鲜膜包好。如果没有盖子，可以用保鲜膜包两层。保鲜膜必须包得非常紧，使整体是密闭的状态，使用蒸汽烤箱，以100摄氏度蒸1小时15分钟左右。保留车厘子汁用于制作啫喱。

## 车厘子啫喱

在深口平底锅中将车厘子汁煮沸，加入粉类，混合后放入冰箱冷藏凝固。

## 组装

　　轻轻取下饼底的模具。将饼底放入一个大小相同、边上围有塑料围边的新模具中。上方留出1~2厘米。用裱花袋在饼底表面挤一层薄薄的外交官奶酱。边缘挤入更多外交官奶酱，用抹刀抹平，以获得完整的轮廓。在蛋糕的中心，将糖渍车厘子放在外交官奶酱上。将一半的车厘子啫喱搅拌后挤入蛋糕空隙中获得几乎光滑的表面。剩下一部分车厘子啫喱搅拌后保存备用。将剩余啫喱切成小块后铺在蛋糕的中心。使用擦丝刨刨出青柠皮屑。组装结束时，蛋糕高度必须比塑料围边低5毫米左右。最后抹一层薄薄的外交官奶酱，用抹刀抹平。放入冷冻保存约30分钟，接着薄薄地抹一层备用的车厘子啫喱，用抹刀抹平。

## 装饰

　　使用电动打蛋器打发香草甘纳许。用装有125号圣多诺裱花嘴的裱花袋，在蛋糕周围裱花：从蛋糕顶部开始，挤5厘米左右长度的弧形。当第一圈裱花完成后，下方重复这样的操作。第二层的花瓣不要超过上面花瓣高度的一半。接着将车厘子均匀和谐地排列摆放。

## 香草镜面

　　在深口平底锅中将中性镜面果胶和香草颗粒煮沸，倒入喷枪中，直接喷在蛋糕上。

# 草莓蛋糕

● 泡芙饼底

10克牛奶

25克黄油

35克T45面粉

45克全蛋

40克蛋黄

80克蛋清

55克细砂糖

10颗草莓

● 香草甘纳许

775克淡奶油

2根香草荚

175克调温象牙白巧克力

42克吉利丁冻

（6克吉利丁粉和36克水调制而成）

● 草莓啫喱

详见第340页

● 组装

20颗草莓

1/4个青柠

● 香草镜面和最终装饰

100克中性镜面果胶

1克香草颗粒

（或香草籽）

300克草莓（红色、白色或者粉红色）

## 泡芙饼底

在深口平底锅中将牛奶和黄油煮沸，持续沸腾2分钟。加入面粉，小火煮至面团不粘锅壁。将面团倒入厨师机中，使用搅拌桨搅拌。混合的目的是去除面团中的水汽。接着分3次加入全蛋和蛋黄。分3次加入细砂糖将蛋清打发。当提起时的状态是"鸟喙状"时表示蛋白霜已经制作好。分3次将蛋白霜拌入泡芙面团中，搅拌至顺滑且均匀，挤入直径20厘米的模具中。将草莓加入面糊中，放入烤箱，以165摄氏度烘烤20~25分钟，在烘烤中途打开烤箱门，以避免产生冷凝水。冷却。

## 香草甘纳许

按照第340页的说明制作香草甘纳许。

## 草莓啫喱

按照第340页的说明制作草莓啫喱。

## 组装

使用电动打蛋器将甘纳许打发。草莓洗净、沥干，切成薄片。轻轻取下饼底的模具。将饼底放入一个大小相同、边上围有塑料围边的新模具中。上方留出1~2厘米。使用裱花袋，在饼底表面挤一层薄薄的啫喱。边缘部分，挤入更多的甘纳许，使用抹刀将边缘抹平，以获得完整的轮廓。在蛋糕的中心部分放置草莓片，再覆盖一层啫喱。使用擦丝刨刨出青柠皮屑。覆盖甘纳许至塑料围边的高度，用抹刀抹平。放入冷冻保存约1小时。

## 装饰

使用装有14号扁平裱花嘴的裱花袋，用打发甘纳许在草莓蛋糕边缘装饰条状的奶油。从上向下进行裱花。制作出有折痕的规律形态。手腕轻轻向后抬动，在蛋糕顶部实现圆环状裱花。

## 香草镜面和最终装饰

将香草籽加入中性镜面果胶中煮沸，倒入喷枪中，直接喷在蛋糕上。将草莓均匀地摆放在蛋糕中心，也可以变换草莓的形状和颜色。将一些未去蒂的草莓装饰在上面，可以增强对比。

# FRAISE 草莓

● **钻石面团**
详见第342页

● **香草扁桃仁奶酱**
详见第336页

● **香草卡仕达酱**
230克牛奶
40克淡奶油
1根香草荚
70克蛋黄
60克砂糖
20克吉士粉
25克黄油
50克马斯卡彭奶酪

● **糖渍草莓**
300克草莓
30克砂糖

● **草莓啫喱**
详见第340页

● **花朵的组装**
600克草莓

## 钻石面团

按照第342页的说明制作钻石面团。

## 香草扁桃仁奶酱

按照第336页的说明制作香草扁桃仁奶酱。

## 糖渍草莓

洗净、沥干草莓。将它们放在托盘上，撒上砂糖。盖上盖子，用保鲜膜包好。如果没有盖子，可以用保鲜膜包两层。保鲜膜必须包得非常紧，使整体是密闭的状态，使用蒸汽烤箱，以100摄氏度蒸1小时15分钟左右。保留草莓汁用于制作啫喱。

## 草莓啫喱

按照第340页的说明制作草莓啫喱。

## 香草卡仕达酱

按照第336页的说明制作香草卡仕达酱。

## 花朵的组装

在钻石面团中填入香草扁桃仁奶酱。放入烤箱，以170摄氏度烘烤8分钟。冷却15分钟左右。加入一层薄薄的卡仕达酱。挞壳周围加入卡仕达酱至3/4的高度。均匀地摆放糖渍草莓，然后加入草莓啫喱至挞壳高度。草莓洗净、沥水，然后竖向切成片状。第一圈的草莓几乎是平放的，接着慢慢抬起，最后在中心的草莓几乎是垂直放置的。

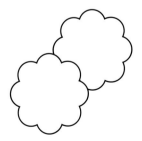

# CHARLOTTE

# 水果夏洛特 AUX FRUITS

● 柠檬甘纳许
详见第340页

● 热内亚饼底
详见第335页

● 多种水果果酱
100克覆盆子
100克草莓
100克红醋栗
45克草莓果茸
少量橄榄油
30克砂糖
30克葡萄糖粉
6克NH果胶粉
2克酒石酸

● 喷砂
100克可可脂
50克牛奶巧克力
50克白巧克力

● 组装
20颗草莓

● 装饰
500克混合的红浆果和黑色的浆果（红醋栗、鹅莓、野草莓、覆盆子、桑葚、草莓）
防潮糖粉

## 柠檬甘纳许

按照第340页的说明制作柠檬甘纳许。

## 热内亚饼底

按照第335页的说明制作热内亚饼底。

## 多种水果果酱

在深口平底锅中先用橄榄油将水果和果茸翻炒，小火慢炖约30分钟。加入砂糖、葡萄糖粉、NH果胶粉和酒石酸，充分混合后煮沸1分钟，放入冰箱冷藏保存。

## 喷砂

将可可脂融化，倒入切碎的巧克力中，混合得到均匀的混合物。

## 组装

草莓洗净、沥干，切成薄片。轻轻取下饼底的模具。将饼底放入一个大小相同、边上围有塑料围边的新模具中。上方留出1~2厘米。用裱花袋在饼底表面挤一层薄薄的多种水果果酱。边缘部分挤入更多的甘纳许，用抹刀抹平，以获得完整的轮廓。在蛋糕的中心，放置草莓，覆盖一层果酱，最后填满甘纳许至塑料围边的高度，用抹刀抹平。放入冷冻保存1小时左右。

## 装饰

将剩余的甘纳许用电动打蛋器打发。在铺有硅胶烤垫（Silpat）的烤盘上，使用14号圆口裱花嘴，制作6~7厘米高的条状甘纳许，放入冷冻凝固。冷冻好后，轻轻修整不太漂亮的一端。在蛋糕上挤小的甘纳许线条来固定条状甘纳许。将它们一一排列在夏洛特蛋糕周围。制作不同的形状和大小，营造出不规则但和谐的外观，旨在使每个条状甘纳许之间没有缝隙。用喷枪在蛋糕外喷砂。此步骤的喷砂溶液必须几乎沸腾。轻轻撒上防潮糖粉制造粉状效果，最后在上方装饰新鲜的水果。享用前在冰箱冷藏2小时。

# 覆盆子

**●钻石面团**
详见第342页

**●香草扁桃仁奶酱**
详见第336页

**●香草卡仕达酱**
230克牛奶
40克淡奶油
1根香草荚
70克蛋黄
60克砂糖
20克吉士粉
25克黄油
50克马斯卡彭奶酪

**●糖渍覆盆子**
300克覆盆子
30克砂糖

**●覆盆子啫喱**
详见第341页

**●组装**
500克覆盆子

## 钻石面团

按照第342页的说明制作钻石面团。

## 香草扁桃仁奶酱

按照第336页的说明制作香草扁桃仁奶酱。

## 香草卡仕达酱

按照第336页的说明制作香草卡仕达酱。

## 糖渍覆盆子

洗净、沥干覆盆子。将它们放在托盘上，撒上砂糖。盖上盖子，用保鲜膜包好。如果没有盖子，可以用保鲜膜包两层。保鲜膜必须包得非常紧，使整体是密闭的状态，使用蒸汽烤箱，以100摄氏度蒸1小时15分钟左右。保留覆盆子汁用于制作啫喱。

## 覆盆子啫喱

按照第341页的说明制作覆盆子啫喱。

## 组装

在钻石面团中填入香草扁桃仁奶酱，放入烤箱以170摄氏度烘烤8分钟，冷却15分钟左右。加入一层薄薄的卡仕达酱。挞壳周围加入卡仕达酱至3/4的高度，将糖渍覆盆子均匀地摆放，挤入覆盆子啫喱至挞壳高度。将洗净对半切开的覆盆子像小花一样装饰在挞上。

# FRAMBOiSiER
## 覆盆子蛋糕

● 香草甘纳许

625克淡奶油

1根香草荚

140克调温象牙白巧克力

35克吉利丁冻

（5克吉利丁粉和30克水调制而成）

● 覆盆子啫喱

详见第341页

● 重组布列塔尼沙布雷

详见第343页

● 红宝石喷砂

详见第338页

● 扁桃仁奶酱

详见第336页

● 组装

150克覆盆子

## 香草甘纳许

按照第340页的说明制作香草甘纳许。

## 重组布列塔尼沙布雷

按照第343页的说明制作重组布列塔尼沙布雷。

## 扁桃仁奶酱

按照第336页的说明制作扁桃仁奶酱。

## 覆盆子啫喱

按照第341页的说明制作覆盆子啫喱。

## 红宝石喷砂

按照第338页的说明制作红宝石喷砂。

## 组装

使用电动打蛋器打发甘纳许。将烤好的沙布雷切一个16厘米的圆，接着使用14厘米的模具挖空中心，得到"圆环"沙布雷。在16厘米和14厘米直径的模具之间，将扁桃仁奶酱挤在布列塔尼沙布雷上，放入烤箱，以170摄氏度烘烤8分钟左右，冷却15分钟。摆放对半切开的覆盆子，然后覆盖一层啫喱。放入冷柜冷冻约6小时，此为内馅。将甘纳许挤入18厘米直径的"泡泡"环状模具的整个表面，抹到边缘处，接着将内馅放在正中心。最后覆盖一层甘纳许，用抹刀抹平。放入冷柜冷冻约3小时，接着轻轻脱模。使用喷枪均匀地覆盖红宝石喷砂。享用前放入冰箱冷藏4小时左右。

# MÛRE 桑葚

● 桑葚甘纳许

200克淡奶油

85克蛋黄

40克砂糖

17克吉利丁冻

（2.5克吉利丁粉和14.5克水调制而成）

330克桑葚果茸

330克马斯卡彭奶酪

● 克拉芙缇饼底

110克全蛋

100克砂糖

100克扁桃仁粉

30克T55面粉

1克盐

300克厚乳淡奶油

● 桑葚啫喱

400克桑葚汁

40克砂糖

6克琼脂粉

2克黄原胶

● 竹炭喷砂

详见第338页

● 组装

500克桑葚

## 桑葚甘纳许

在深口平底锅中将淡奶油煮沸。将蛋黄和砂糖混合。将一小部分煮沸的淡奶油倒入蛋黄混合物中，接着重新倒入深口平底锅中，制作英式蛋奶酱。煮2分钟后，加入吉利丁冻和桑葚果茸混合。过筛。接着加入马斯卡彭奶酪。放入冰箱冷藏约12小时。

## 克拉芙缇饼底

将全蛋、砂糖和扁桃仁粉混合，接着加入面粉、盐和淡奶油。将面糊倒入模具中，约5毫米厚。

放入烤箱，以170摄氏度烘烤15分钟左右。冷却后，切成16厘米直径的圆饼。

## 桑葚啫喱

在深口平底锅中将桑葚汁煮沸，接着加入粉类，混合后放入冰箱冷藏凝固。

## 竹炭喷砂

按照第338页的说明制作竹炭喷砂。

## 组装

使用电动打蛋器将甘纳许打发。轻轻取下克拉芙缇饼底的模具。将饼底放入一个大小相同、边上围有塑料围边的新模具中。上方留出1~2厘米。抹一层啫喱在克拉芙缇饼底上，接着摆放整粒的桑葚。将啫喱覆盖桑葚，获得尽可能光滑的啫喱层，放入冷柜冷冻约6小时，此为内馅。将甘纳许挤入帕沃尼（Pavoni）品牌的直径18厘米慕斯模具整个表面，在中心部分多挤一些甘纳许，确保内馅完全在正中心，放入内馅，接着覆盖甘纳许，用抹刀抹平。放入冷柜冷冻凝固约6小时。

## 装饰

使用4毫米圆口裱花嘴，从中心向外制作一个个"小球"，旨在制作出互相紧挨且大小一致的球形。这会花一些时间，需要用心、仔细。不要试图将它们按特定的方向排列，相反，你需要不规则地排列它们。使用喷枪在表面均匀地覆盖竹炭喷砂。享用前放入冰箱冷藏4小时左右。

# NOiSETTE
## 榛子

● 榛子甘纳许

170克淡奶油

20克纯榛子酱

35克调温象牙白巧克力

20克马斯卡彭奶酪

7克吉利丁冻

（1克吉利丁粉和6克水调制而成）

● 甜酥面团

详见第342页

● 榛子脆层

详见第337页

● 榛子帕林内

190克榛子

60克砂糖

4克海盐

● 榛子达克瓦兹

80克蛋清

35克砂糖

70克榛子粉

15克面粉

55克糖粉

● 组装

100克占度亚巧克力

100克烘烤过的榛子

● 镜面果胶

100克中性镜面果胶

## 榛子甘纳许

前一天，在深口平底锅中将淡奶油和纯榛子酱煮热，过筛。将切碎的白巧克力、马斯卡彭奶酪和吉利丁冻在盆中混合。将煮沸的液体倒入前面的混合物中。混合得到均匀的甘纳许。放入冰箱冷藏12小时左右。

## 甜酥面团

按照第342页的说明制作甜酥面团。

## 榛子脆层

按照第337页的说明制作榛子脆层。

## 榛子帕林内

将榛子放入烤箱，以165摄氏度烘烤15分钟。使用砂糖制作干焦糖，冷却后研磨。接着研磨榛子，在厨师机中使用搅拌桨，将所有食材混合。

## 榛子达克瓦兹

制作法式蛋白霜：通过分3次加入砂糖打发蛋清。当提起时的状态是"鸟喙状"时表示蛋白霜已经制作好。加入过筛的粉类。将达克瓦兹挤入20厘米直径的圆模中。放入烤箱，以170摄氏度烘烤约16分钟。

## 组装

在甜酥挞的底部，挤一些粗线条的占度亚巧克力，接着撒上烘烤过的微微切碎的榛子，覆盖整个表面。在挞一半的高度处，摆放一层薄的环状脆层。在中心填入榛子帕林内。将达克瓦兹模具脱模，手动将直径修整1～2厘米，使裱花更加容易。将达克瓦兹放在与甜酥挞皮齐平处。如果需要可以用帕林内填充空隙，得到非常平整光滑的表面。

## 装饰

使用电动打蛋器打发甘纳许，用104号圣多诺裱花嘴一气呵成进行裱花：将蛋糕放在旋转的烘焙电唱机注上。握住手中的裱花嘴，使其微微倾斜，从中心开始裱花，挤一个不规则的三瓣的星形，然后持续运动不要停，务必不要在甘纳许之间留有缝隙，旨在获得均匀却不规则的形态。在最后两到三圈时，将裱花嘴竖直不动，保持平稳。

## 镜面果胶

在深口平底锅中，将中性镜面果胶煮沸，倒入喷枪，直接喷在蛋糕表面。

---

注：烘焙电唱机是一种专业的法式甜品专用裱花设备。

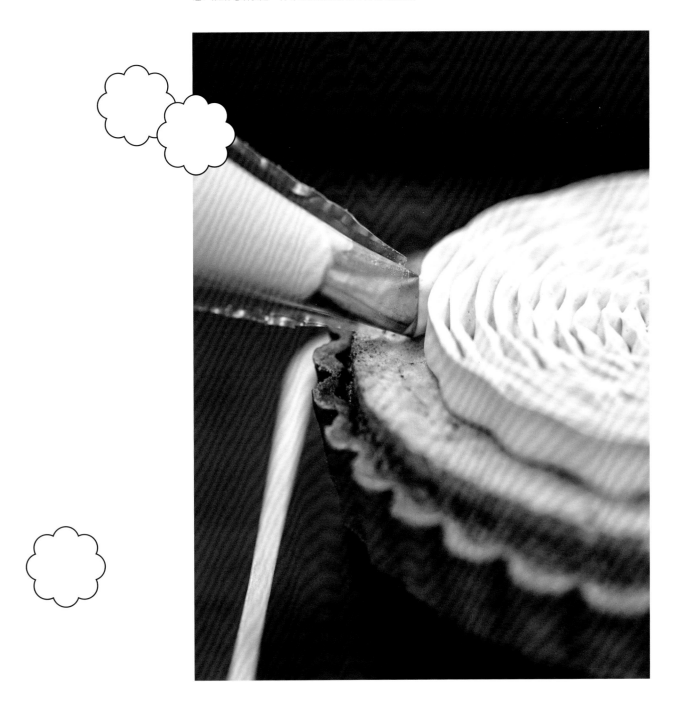

# FLAN 弗朗

●布里欧修酥皮

100克牛奶

13克新鲜酵母

285克T65面粉

4克盐

20克砂糖

50克全蛋

25克膏状黄油

150克开酥用黄油

●弗朗面糊

240克牛奶

65克全蛋

2克香草颗粒

（或香草籽）

25克吉士粉

45克砂糖

25克黄油

1小撮海盐

## 布里欧修酥皮

在厨师机中使用搅面钩进行混合，以1挡速度将除了黄油以外的食材进行混合，慢慢加入全蛋。转至2挡速度后继续混合至面团不粘盆壁。加入切成小块的膏状黄油，将面团揉至均匀。将面团放置在室温（20～25摄氏度之间）发酵约1小时。用手掌用力按压面团进行排气，接着擀成长方形。在长方形面团中心放置一半大小的黄油。折叠边缘，将面团擀开，接着叠一个单折。再将面团擀开，叠一个双折。再次擀开后最后叠一个单折。擀开后，在15厘米直径的花形模具中成形。模具中事先准备好油纸，放入冷柜冷冻2小时左右。

## 弗朗面糊

在深口平底锅中将牛奶煮沸，冲入提前打至发白的全蛋、香草籽、吉士粉和砂糖的混合物中，再次煮沸，加入黄油和盐。将面糊倒入模具中，即千层布里欧修面团上。放入冰箱冷藏1小时左右，再放入烤箱，以170摄氏度烘烤25分钟。

# 圣多诺黑

# SAINT-HONORÉ

● **布里欧修酥皮**
详见第335页

● **泡芙面团**
详见第341页

● **香草卡仕达酱**
详见第336页

● **圣多诺黑焦糖**
20克砂糖
5克防潮基底粉
10克水
5克葡萄糖浆
170克艾素糖

● **香草香缇奶油**
详见第335页

## 布里欧修酥皮

按照第335页的说明制作布里欧修酥皮。

## 泡芙面团

按照第341页的说明制作泡芙面团。

## 香草卡仕达酱

按照第336页的说明制作香草卡仕达酱。

## 圣多诺黑焦糖

在深口平底锅中将提前混合的砂糖和防潮基底粉，与水、葡萄糖浆一起加热。在另一个深口平底锅中加热艾素糖，煮至150摄氏度时加入前面的混合物中，混合得到褐色的焦糖。用牙签固定冷却的泡芙，将表面圆形部分浸入热的焦糖中。

## 香草香缇奶油

按照第335页的说明制作香草香缇奶油。

## 组装

在布里欧修酥皮的中心均匀地铺一层卡仕达酱。将卡仕达酱灌入泡芙中。将泡芙呈环状排列在布里欧修周围，焦糖的一面朝外摆放。在"皇冠"中间放入6~7个泡芙。最美的一个留作最后装饰。

## 装饰

使用装有104号圣多诺裱花嘴的裱花袋，用香缇奶油进行花瓣的裱花：从蛋糕中心开始，挤出直线，然后到达末端，转一个形似食指大小的小弧度，接着回到原点。重复这样的操作在蛋糕上挤一圈。再重复三次，每次从前一个花瓣的底部开始裱花，每一圈的花瓣越来越小。最后在花朵的中心部分放一个泡芙，形成花心。

# FiGUE 无花果

● 钻石面团
详见第342页

● 香草镜面
详见第341页

● 扁桃仁奶酱
详见第336页

● 组装
20个无花果

● 半熟无花果
750克无花果
75克砂糖
150克无花果汁

## 钻石面团

按照第342页的说明制作钻石面团。

## 扁桃仁奶酱

按照第336页的说明制作扁桃仁奶酱。

## 半熟无花果

将无花果切成小块,用糖炖煮几分钟,慢慢加入无花果汁。

## 香草镜面

按照第341页的说明制作香草镜面。

## 组装

在钻石面团中填入扁桃仁奶酱,放入烤箱,以170摄氏度烘烤8分钟,冷却15分钟左右。接着填入半熟无花果至一半高度。将切成小块的新鲜无花果均匀地排列,果肉一面朝上,从边缘开始向中心摆放。用刷子在无花果上刷上香草镜面。

# PÊCHE 桃

● **甜酥面团**
详见第342页

● **香草卡仕达酱**
185克牛奶
30克淡奶油
1根香草荚
60克全蛋
50克砂糖
16克吉士粉
20克黄油
40克马斯卡彭奶酪

● **香草扁桃仁奶酱**
详见第336页

● **马鞭草桃子啫喱**
400克桃子果茸
40克砂糖
5克琼脂粉
5片新鲜马鞭草
2克马鞭草胡椒

● **组装**
5个白桃
5个黄桃
50克油桃
50克白桃
50克红桃
100克中性镜面果胶
1克香草颗粒
（或香草籽）

## 甜酥面团

按照第342页的说明制作甜酥面团。

## 香草卡仕达酱

按照第336页的说明制作香草卡仕达酱。

## 香草扁桃仁奶酱

按照第336页的说明制作香草扁桃仁奶酱。

## 马鞭草桃子啫喱

在深口平底锅中，将桃子果茸煮沸。加入提前混合好的砂糖和琼脂粉混合均匀。当啫喱冷却后，放入食物料理机（Thermomix）中搅拌，接着加入切碎的新鲜马鞭草和碾碎的马鞭草胡椒。

## 组装

在甜酥面团中填入扁桃仁奶酱，放入烤箱，以170摄氏度烘烤8分钟，冷却15分钟左右。将白桃和黄桃去皮，接着切成薄片。在挞的中心，挤球状的卡仕达酱作为参照点。接着在边缘挤球状卡仕达酱并将它拉至中心参照点。使用马鞭草桃子啫喱重复相同的操作，像这样形成交替的条状，覆盖整个底部。将油桃和桃子丁均匀地摆放后用抹刀抹平。用桃子片摆成花环状。在深口平底锅中将中性镜面果胶和香草籽煮沸，倒入喷枪中，直接喷在蛋糕上。

# ABRiCOT
# 杏

● **布里欧修酥皮**
详见第335页

● **杏子果酱**
385克杏
45克杏子果茸
少许橄榄油
30克砂糖
30克葡萄糖粉
6克NH果胶粉
2克酒石酸

● **风轮菜香缇奶油**
430克淡奶油
20克风轮菜
15克砂糖
45克马斯卡彭奶酪
14克吉利丁冻
（2克吉利丁粉和12克水调制而成）

● **香草镜面**
详见第341页

● **烤杏**
7个杏
20克黄油
50克蜂蜜

## 布里欧修酥皮

按照第335页的说明制作布里欧修酥皮。

## 杏子果酱

在深口平底锅中先用橄榄油将杏和杏子果茸翻炒，小火慢炖约30分钟，加入砂糖、葡萄糖粉、NH果胶粉和酒石酸，充分混合后煮沸1分钟。放入冰箱冷藏保存。

## 风轮菜香缇奶油

在深口平底锅中将三分之一的淡奶油、风轮菜和砂糖加热。煮沸后倒入马斯卡彭奶酪和吉利丁冻中。过筛，然后混合。逐渐加入剩余的淡奶油，冷藏保存。

## 香草镜面

按照第341页的说明制作香草镜面。

## 烤杏

将杏对半切开，加入黄油和蜂蜜，在平底锅中烤制。将它们摆放在硅胶烤垫（Silpat）上，刷香草镜面。

## 装饰

用电动打蛋器打发香缇奶油。在布里欧修酥皮上，涂抹一层杏子果酱，接着在中心部分用果酱做一个浅圆顶。把刷了镜面的切半的烤杏子放在周围，使用装有20号圣多诺裱花嘴的裱花袋，从外向内挤"火焰"状的奶油，填充缝隙。最后放一个杏在正中心。

# 甜瓜
# MELON

●甜瓜雪芭

140克水

110克砂糖

60克葡萄糖粉

650克打碎的甜瓜果肉

20克柠檬汁

●蛋白霜

125克蛋清

125克砂糖

125克糖粉

●香草香缇奶油

详见第335页

●甜瓜

2个甜瓜

## 甜瓜雪芭

在深口平底锅中，将水和提前混合好的砂糖、葡萄糖粉加热。煮沸后，倒入打碎的甜瓜果肉和柠檬汁中。混合并用冰激凌机制作冰激凌。放入冷柜冷冻保存。

## 蛋白霜

通过分3次加入砂糖打发蛋清。当提起时的状态是"鸟喙状"时表示蛋白霜已经制作好。加入糖粉。在铺有硅胶烤垫（Silpat）的烤盘上，将蛋白霜挤在花形模具的背面。放入烤箱，以90摄氏度烘烤1小时~1小时30分钟，冷却。轻轻地脱模后翻转过来形成蛋糕的底部。

## 香草香缇奶油

按照第335页的说明制作香草香缇奶油。

## 甜瓜

用切模将甜瓜果肉切成水滴状。

## 组装

用电动打蛋器打发香缇奶油。在蛋白霜底部填入1厘米高的甜瓜雪芭。使用装有10毫米圆口裱花嘴的裱花袋，从蛋糕的外面开始向内挤"小球"状奶油。从中央开始，呈花环状均匀地摆放水滴状甜瓜果肉。

AUTOMNE

# 秋日之花

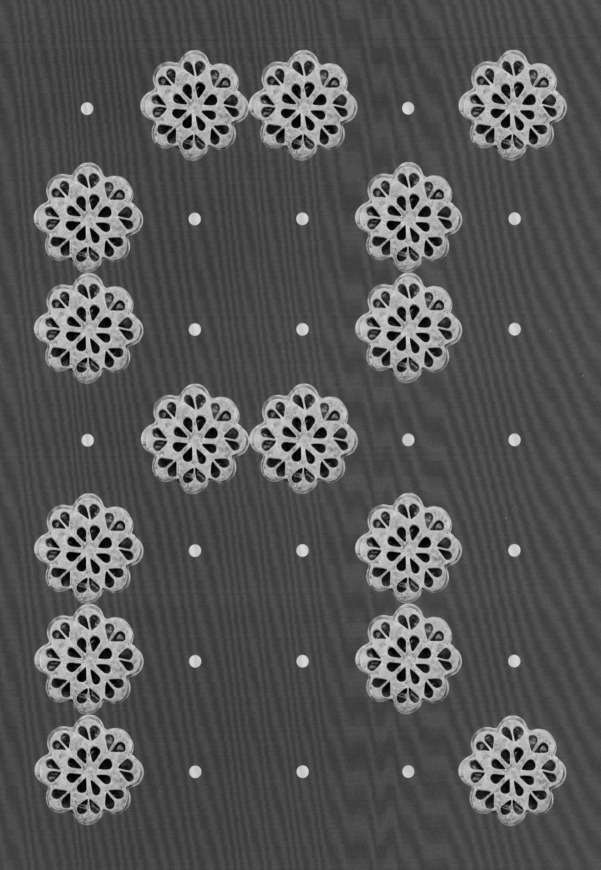

# YUZU
## 日本柚子

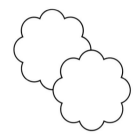

● 重组布列塔尼沙布雷

详见第343页

● 热内亚饼底

详见第335页

● 日本柚子甘纳许

800克淡奶油

42克吉利丁冻

（7克吉利丁粉和35克水调制而成）

215克调温象牙白巧克力

180克日本柚子汁

● 黄柠檬果酱内馅

300克柠檬汁

30克砂糖

5克琼脂粉

1克黄原胶

15克新鲜薄荷

55克手指柠檬

170克糖渍柠檬

40克柠檬果肉

● 黄色喷砂

详见第338页

● 流金喷砂

220克樱桃酒

120克金粉

### 重组布列塔尼沙布雷

按照第343页的说明制作重组布列塔尼沙布雷。

### 热内亚饼底

按照第335页的说明制作热内亚饼底。

### 日本柚子甘纳许

前一天，在深口平底锅中加热一半的淡奶油，接着加入吉利丁冻。慢慢倒入切碎的巧克力中，混合乳化。加入剩余的淡奶油，再加入日本柚子汁。充分混合得到均匀的混合物，放入冰箱冷藏12小时左右。

### 黄柠檬果酱内馅

在深口平底锅中将柠檬汁煮沸，加入提前混合好的砂糖和琼脂粉。啫喱冷却后，放入食物料理机（Thermomix）中混合，充分松弛后，加入黄原胶。将啫喱和切碎的薄荷、手指柠檬、切得很细的糖渍柠檬、切成不规则小块的柠檬果肉混合均匀。一起倒入16厘米直径的模具中，放入冷柜冷冻3小时左右。

### 黄色喷砂

按照第338页的说明制作黄色喷砂。

### 流金喷砂

将樱桃酒和金粉混合。

### 组装

用电动打蛋器打发甘纳许。在重组布列塔尼沙布雷圆饼上，放置大小相同的热内亚饼底，上面放置黄柠檬果酱内馅。一起放入冷柜冷冻约6小时。将甘纳许挤入帕沃尼（Pavoni）品牌的直径18厘米慕斯模具整个表面，在中心部分多挤一些甘纳许，确保内馅完全在正中心，放入内馅，接着覆盖甘纳许，用抹刀抹平。放入冰柜冷冻凝固约6小时，轻轻地脱模。

# 装饰

第一阶段

使用125号圣多诺裱花嘴，从蛋糕外部开始裱花。水平握住裱花嘴从下至上制作大花瓣。裱花在蛋糕顶部终止，为花朵中心的裱花留出空间。

第二阶段

使用相同的裱花嘴，但这次是垂直放置，为蛋糕中心裱花。在中心用甘纳许挤一个点，这是参照点，然后从外向内（参照点）挤不规则的线条。

第三阶段

使用装有1毫米圆口裱花嘴的裱花袋，用甘纳许在中心挤一些小尖峰，形成花的雌蕊。使用喷枪在蛋糕表面均匀地覆盖流金喷砂。享用前将蛋糕放入冰箱冷藏4小时。

# 巴黎-布雷斯特

PARiS-

BRԐST

● 榛子帕林内
详见第343页

● 香草卡仕达酱
详见第336页

● 巴黎-布雷斯特奶油
300克香草卡仕达酱
200克榛子帕林内
100克黄油
140克马斯卡彭奶酪
21吉利丁冻
（3克吉利丁粉和18克水调制而成）

● 甜酥面团
详见第342页

● 榛子脆层
详见第337页

● 泡芙面团
详见第341页

● 组装
250克占度亚巧克力

● 香草镜面
100克中性镜面果胶
1克香草颗粒
（或香草籽）

## 榛子帕林内

按照第343页的说明制作榛子帕林内。

## 香草卡仕达酱

按照第336页的说明制作香草卡仕达酱。

## 巴黎－布雷斯特奶油

在热的卡仕达酱中，加入所有的食材。混合后，放入冰箱冷藏12小时左右。

## 甜酥面团

按照第342页的说明制作甜酥面团。

## 榛子脆层

按照第337页的说明制作榛子脆层。

## 泡芙面团

按照第341页的说明制作泡芙面团。

## 组装

用脆层将甜酥面团填至3/4，用240克占度亚巧克力灌一半的泡芙，另外一半灌入榛子帕林内。将泡芙均匀地排列成环状，按照口味交替放置。保留最漂亮的榛子帕林内泡芙用作顶部装饰。用巴黎-布雷斯特奶油抹平表面填充缝隙。将泡芙放在正中央，并用10克融化的占度亚巧克力覆盖。

## 装饰

使用电动打蛋器打发巴黎-布雷斯特奶油。借助金属支架和圣多诺125号裱花嘴，从中心开始，用奶油挤不规则的花瓣，以形成一朵漂亮的花朵，从左到右制作小的弧形。一开始在中心留出2厘米直径的圆，接着逐渐增加圆弧的尺寸，每次从上一个花瓣的一半处开始。

## 香草镜面

在深口平底锅中，将中性镜面果胶和香草籽煮沸，倒入喷枪中，直接喷在蛋糕上。

● **樱桃酒甘纳许**

440克淡奶油

100克白巧克力

25克吉利丁冻

（3.5克吉利丁粉和21.5克水调制而成）

30克樱桃酒

● **无粉巧克力饼底**

135克蛋黄

210克砂糖

190克蛋清

60克可可粉

● **海盐巧克力沙布雷**

详见第343页

● **巧克力喷砂**

50克可可脂

50克可可含量70%的黑巧克力

● **巧克力脆层**

50克巧克力喷砂溶液

240克海盐巧克力沙布雷

● **竹炭喷砂**

详见第338页

● **樱桃啫喱**

500克樱桃果茸

6克黄原胶

750克樱桃

125克浸泡樱桃酒的樱桃

## 樱桃酒甘纳许

前一天，在深口平底锅中将一半的淡奶油煮沸。将热的淡奶油倒入切碎的巧克力和吉利丁冻中。加入剩余的奶油和樱桃酒，混合得到均匀的甘纳许。过筛后放入冰箱冷藏约12小时。

## 无粉巧克力饼底

将蛋黄和一半的砂糖打发，蛋清用另一半的砂糖打发。将两者混合，接着加入可可粉。将制作好的面糊倒入3厘米高的直边烤盘，在180摄氏度的烤箱中烘烤20分钟。将烤好的饼底从烤箱中取出，用16厘米和14厘米直径的模具切出圆环状饼底。

## 海盐巧克力沙布雷

按照第343页的说明制作海盐巧克力沙布雷。

## 巧克力喷砂

将可可脂融化后，倒入切碎的巧克力中，混合得到均匀的混合物。

## 巧克力脆层

将巧克力喷砂溶液和海盐巧克力沙布雷混合。在直径16厘米和14厘米的模具中制作圆环形脆层。

## 樱桃啫喱

将樱桃果茸和黄原胶混合，加入樱桃。将制作好的啫喱倒在巧克力蛋糕上，制作内馅。放入冷柜冷冻凝固约6小时。

## 竹炭喷砂

按照第338页的说明制作竹炭喷砂。

## 组装

制作内馅：将饼底放在环状的脆层上。加入一层薄薄的甘纳许，然后覆盖樱桃啫喱。放入冷柜冷冻约2小时。在直径18厘米圆环状模具中，在整个表面挤入甘纳许，在中心部分多挤一些甘纳许，确保内馅完全在正中心，放入冷冻的内馅，然后覆盖甘纳许。用抹刀抹平。放入冷柜冷冻约6小时，接着轻轻地脱模。

## 装饰

用电动打蛋器打发剩余的甘纳许。使用装有125号圣多诺裱花嘴的裱花袋，用甘纳许挤出贴合蛋糕的线条形状：将裱花嘴完全垂直并制作不规则的圆弧。从圆环的内部开始裱花，从底部向顶部，停在顶部，然后从外部开始重复操作。用喷枪在蛋糕上均匀地覆盖竹炭喷砂。享用前放入冰箱冷藏4小时。

# NOiX

## 碧根果

**DÉ PÉCAN**

---

## 通用的基础部分

● 碧根果奶酱

65克黄油

65克砂糖

65克碧根果粉

65克全蛋

● 碧根果帕林内

详见第343页

## 花挞
## 歌剧院（OPÉRA）版本

● 钻石面团

详见第342页

● 软心焦糖

详见第335页

● 焦糖碧根果

200克碧根果

60克砂糖

25克水

1克酒石酸

## 仿真碧根果莫里斯（MEURICE）版本

● 碧根果甘纳许

500克淡奶油

50克蛋黄

25克砂糖

10克吉利丁冻

（1.5克吉利丁粉和8.5克水调制而成）

150克纯碧根果酱

150克碧根果啫喱

200克马斯卡彭奶酪

● 甜酥面团

详见第342页

● 碧根果帕林内

500克碧根果

125克砂糖

10克海盐

● 碧根果脆层

详见第337页

● 碧根果牛奶

500克牛奶

50克碧根果

● 碧根果啫喱

500克碧根果牛奶

35克砂糖

90克蛋黄

5克黄原胶

75克纯碧根果酱

● 碧根果涂层

200克可可脂

50克牛奶巧克力

150克白巧克力

1克黄色色素

● 装饰

少许可可粉

通用的基础部分

## 碧根果奶酱

在厨师机中使用搅拌桨混合黄油、砂糖和碧根果粉，慢慢加入全蛋，放入冰箱冷藏。

## 碧根果帕林内

按照第343页的说明制作碧根果帕林内。

花挞
歌剧院版本

## 通用的基础部分

制作碧根果奶酱和碧根果帕林内。

## 钻石面团

按照第342页的说明制作钻石面团。

## 软心焦糖

按照第335页的说明制作软心焦糖。

## 焦糖碧根果

将碧根果放入烤箱，以170摄氏度烘烤15分钟。用砂糖、水和酒石酸制作焦糖。当颜色变成棕色时，加入碧根果，使其焦糖化几分钟。接着将其移至铺有硅胶烤垫（Silpat）的烤盘上。将碧根果一个个分开，防止它们相互粘连。

## 组装

将碧根果奶酱抹在挞的底部，放入烤箱，以170摄氏度烘烤8分钟。接着覆盖一层软心焦糖。挤一些点状碧根果帕林内。以花环状均匀地摆放焦糖碧根果。

## 碧根果甘纳许

在深口平底锅中将淡奶油煮沸。将蛋黄和砂糖混合。将一小部分煮沸的淡奶油倒入蛋黄混合物中，接着重新倒入深口平底锅中制作英式蛋奶酱。煮2分钟后，加入吉利丁冻、纯碧根果酱和啫喱混合均匀。过筛，接着加入马斯卡彭奶酪。放入冰箱冷藏约12小时。

## 通用的基础部分

制作碧根果奶酱和碧根果帕林内。

## 甜酥面团

在厨师机中使用搅拌桨混合黄油、糖粉、榛子粉和盐，加入全蛋乳化，再加入面粉和淀粉。混合得到非常均匀的面团，放入冷藏保存。将面团擀至3毫米厚，放入8~10厘米长的船形（卡利松糖的形状）软模具中成形。使用小刀，将多余的面团切去，用叉子在挞底戳洞，放入烤箱，以165摄氏度烘烤25分钟。

## 碧根果帕林内

按照第343页的说明制作碧根果帕林内。

## 碧根果脆层

按照第337页的说明制作碧根果脆层。

## 碧根果牛奶

将牛奶和碧根果放入离心机中打匀。

## 碧根果啫喱

在深口平底锅中将碧根果牛奶煮至几乎沸腾，一部分倒入提前打至发白的蛋黄和砂糖中，煮1~2分钟。冷却，加入黄原胶和纯碧根果酱混合，过筛后放入冰箱冷藏。

## 碧根果涂层

在深口平底锅中，将可可脂融化，倒入巧克力中。和色素混合得到均匀的混合物。

## 仿真碧根果的组装

用碧根果奶酱涂抹挞底，放入烤箱中，以170摄氏度烘烤8分钟。再填入一层碧根果脆层。用抹刀抹平。在稍小的船形软模具（卡利松糖的形状）中填入碧根果啫喱。在摆放在蛋糕上之前，将这个船形内馅放入冷柜冷冻凝固。

## 装饰

使用电动打蛋器打发甘纳许。用装有6毫米圆口裱花嘴的裱花袋，在用碧根果啫喱制作的船形内馅上挤不规则的粗线条，代表碧根果壳。从一端到另一端，用木签固定冷冻的内馅，浸入30摄氏度的碧根果涂层中。将化妆刷蘸取可可粉，轻轻拍打仿真碧根果的某些区域，用布擦除多余的部分，根据擦除的分量，产生明暗等细微的差别。去掉木签，将内馅放在船形挞壳上。

# 开心果

● 开心果甘纳许
详见第340页

● 开心果帕林内
详见第343页

● 开心果牛奶
详见第341页

● 开心果啫喱
详见第341页

● 开心果脆层
详见第337页

● 绿色喷砂
详见第338页

● 开心果达克瓦兹
80克蛋清
35克砂糖
70克扁桃仁粉
15克面粉
55克糖粉

## 开心果甘纳许

按照第340页的说明制作开心果甘纳许。

## 开心果帕林内

按照第343页的说明制作开心果帕林内。

## 开心果牛奶

按照第341页的说明制作开心果牛奶。

## 开心果啫喱

按照第341页的说明制作开心果啫喱。

## 开心果脆层

按照第337页的说明制作开心果脆层。

## 开心果达克瓦兹

制作法式蛋白霜：通过分3次加入砂糖打发蛋清。当提起时的状态是"鸟喙状"时表示蛋白霜已经制作好。加入过筛的粉类。将达克瓦兹挤入16厘米直径的圆模中。放入烤箱，以170摄氏度烘烤约16分钟。

## 绿色喷砂

按照第338页的说明制作绿色喷砂。

## 组装

使用电动打蛋器打发甘纳许。轻轻地取下脆层的模具。将其放入大小相同、周围围有塑料围边的新模具中。将达克瓦兹圆饼放在脆层上，接着覆盖一层薄薄的帕林内，一层开心果啫喱，一起放入冷冻3小时左右，此为内馅。将甘纳许挤入帕沃尼（Pavoni）品牌18厘米慕斯模具的整个表面，在中心部分多挤一些甘纳许，确保内馅完全在正中心，放入内馅，接着覆盖甘纳许，用抹刀抹平。脱模前放入冷冻凝固约6小时。

## 裱花

使用装有圣多诺104号裱花嘴的裱花袋，进行甘纳许裱花：从蛋糕的边缘向中心，挤2~3厘米宽的波浪。放入冷柜冷冻，用6厘米的切模将中心去掉。使用喷枪在蛋糕上均匀地覆盖绿色喷砂，在中心倒入帕林内。享用前冷藏4小时。

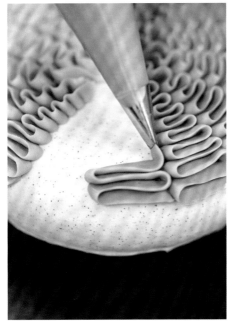

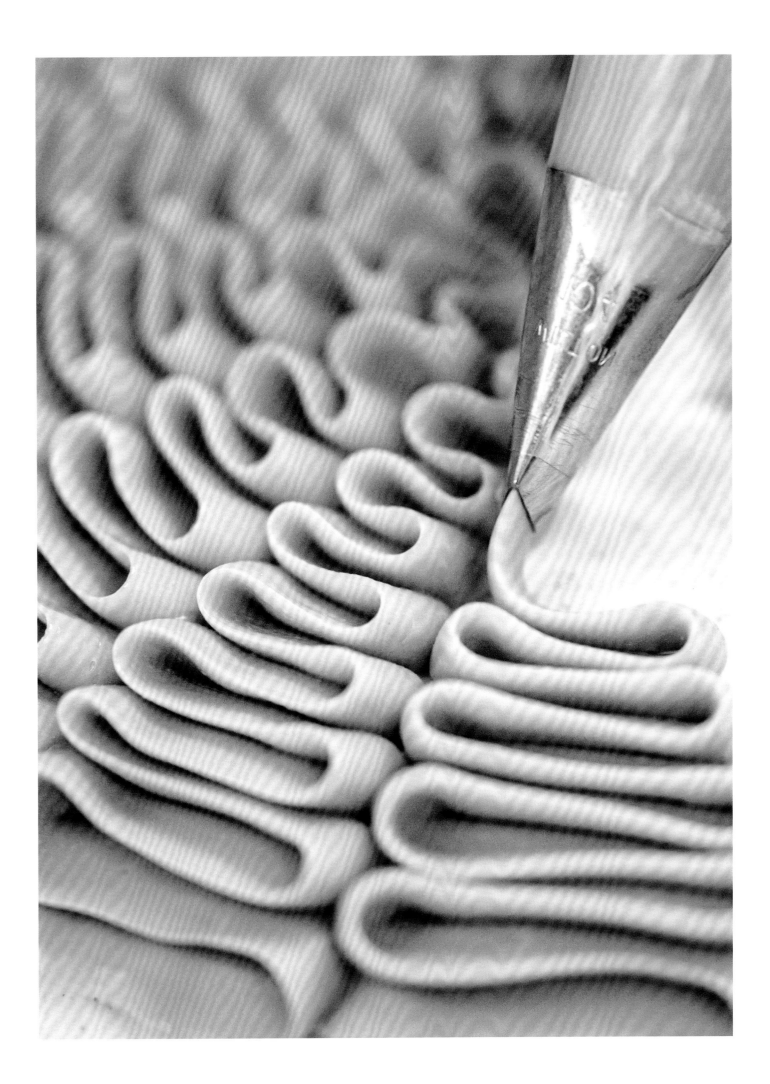

# MARRON
# CASSIS 栗子黑加仑

● 栗子混合物

80克含糖炼乳
200克栗子奶油
200克栗子酱
40克水

● 甜酥面团

详见第342页

● 黑加仑果酱

385克黑加仑
45克黑加仑果茸
少许橄榄油
30克砂糖
30克葡萄糖粉
6克NH果胶粉
2克酒石酸

● 香草香缇奶油

详见第335页

● 扁桃仁奶酱

详见第336页

● 橙色喷砂

详见第338页

● 组装

100克糖渍栗子

● 装饰

1颗糖渍栗子

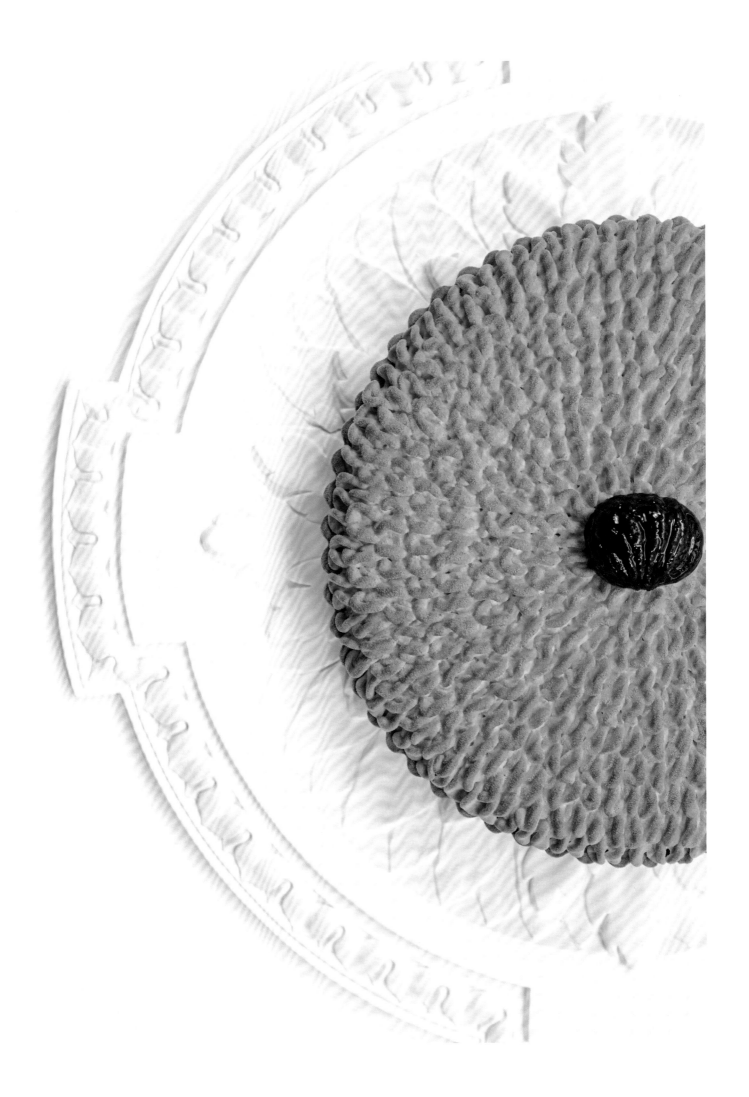

## 栗子混合物

将炼乳放入90摄氏度烤箱烘烤4小时，使其焦糖化。将所有食材混合，放入冰箱冷藏12小时左右。

## 甜酥面团

按照第342页的说明制作甜酥面团。

## 黑加仑果酱

在深口平底锅中中先用橄榄油将黑加仑和果茸翻炒，小火慢炖30分钟。加入砂糖、葡萄糖粉、NH果胶粉和酒石酸，充分混合后沸腾1分钟，放入冰箱冷藏保存。

## 香草香缇奶油

按照第335页的说明制作香草香缇奶油。

## 扁桃仁奶酱

按照第336页的说明制作扁桃仁奶酱。

## 橙色喷砂

按照第338页的说明制作橙色喷砂。

## 组装

在甜酥挞皮上涂抹一层薄薄的扁桃仁奶酱，放入烤箱，以170摄氏度烘烤8分钟。冷却15分钟。接着用黑加仑果酱和栗子混合物点缀覆盖整个表面。加入糖渍栗子碎，用香草香缇奶油填充孔洞，用抹刀抹平表面。放入冷柜冷冻6小时。

## 装饰

使用装有小尺寸带齿裱花嘴的裱花袋，用香缇奶油，从上到下移动，形成小小的波浪。用喷枪在表面均匀地覆盖橙色喷砂，在蛋糕的中心装饰糖渍栗子。

# THÉ 抹茶

# MATCHA

● **茶味甘纳许**

780克淡奶油

50克抹茶粉

175克调温象牙白巧克力

42克吉利丁冻

（7克吉利丁粉和35克水调制而成）

● **提木（TIMUT）胡椒**[注]**-扁桃仁脆层**

详见第337页

● **抹茶日式饼底**

40克牛奶

40克水

1克盐

45克细砂糖

15克抹茶粉

20克黄油

35克T45面粉

75克全蛋

25克葡萄籽油

75克蛋清

40克草莓圆片

● **抹茶奶酱**

500克牛奶

90克蛋黄

35克砂糖

2.5克黄原胶

25克抹茶粉

● **抹茶啫喱**

275克的柠檬汁

15克抹茶粉

20克砂糖

3克琼脂粉

1克黄原胶

● **绿色喷砂**

详见第338页

———————

注：Timut胡椒，音译为提木胡椒，原产于尼泊尔，是
一种具有葡萄柚风味的野生香料。

## 茶味甘纳许

前一天，在深口平底锅中将一半的淡奶油煮沸，加入抹茶粉，盖上盖子浸泡10分钟左右。再次加热后过筛。将其倒入切碎的巧克力和吉利丁冻中，接着加入剩余的淡奶油。混合得到均匀的甘纳许。放入冰箱冷藏约12小时。

## 提木胡椒－扁桃仁脆层

按照第337页的说明制作提木胡椒－扁桃仁脆层。

## 抹茶日式饼底

在深口平底锅中将牛奶、水、2.5克细砂糖、抹茶粉和黄油煮沸，持续煮沸1~2分钟。加入面粉，小火煮至面团不粘锅壁。将面团倒入厨师机中，使用搅拌桨搅拌。混合的目的是去除面团中的水汽。接着慢慢加入全蛋和葡萄籽油。分3次加入细砂糖将蛋清打发。当提起时的状态是"鸟喙状"时表示蛋白霜已经制作好。分3次将蛋白霜拌入泡芙面团中搅拌至顺滑且均匀。将面糊挤入16厘米的模具约1厘米高。将草莓片加入面糊中，入烤箱，以160摄氏度烘烤1小时左右，冷却。

## 抹茶奶酱

将牛奶煮至几乎沸腾。将一部分牛奶倒入提前混合打至发白的蛋黄和砂糖中。煮1~2分钟然后冷却。加入黄原胶和抹茶粉混合均匀。过筛，放入冰箱冷藏保存。

## 抹茶啫喱

在深口平底锅中将柠檬汁煮沸，加入抹茶粉持续煮5分钟。加入粉类，混合后放入冰箱冷藏。啫喱凝固后，再次混合。

## 绿色喷砂

按照第338页的说明制作绿色喷砂。

## 组装

使用电动打蛋器打发甘纳许。轻轻地取下日式饼底的模具。在相同大小的周围围有塑料围边的新模具中，涂抹一层薄薄的脆层。将饼底放在上面，加入一层奶酱，接着一层啫喱，尽最大可能使其平整，一起放入冷柜冷冻6小时左右。将甘纳许挤入帕沃尼（Pavoni）品牌的18厘米慕斯模具的整个表面，在中心部分多挤一些甘纳许，确保内馅完全在正中心，放入内馅，接着覆盖甘纳许，用抹刀抹平。放入冷冻凝固约6小时。

## 装饰

使用装有125号裱花嘴的裱花袋，将剩下的甘纳许在蛋糕表面做连续来回运动：形成相互缠绕的线条，让甘纳许"灵动"地覆盖整个表面。用喷枪在蛋糕表面均匀地覆盖绿色喷砂。

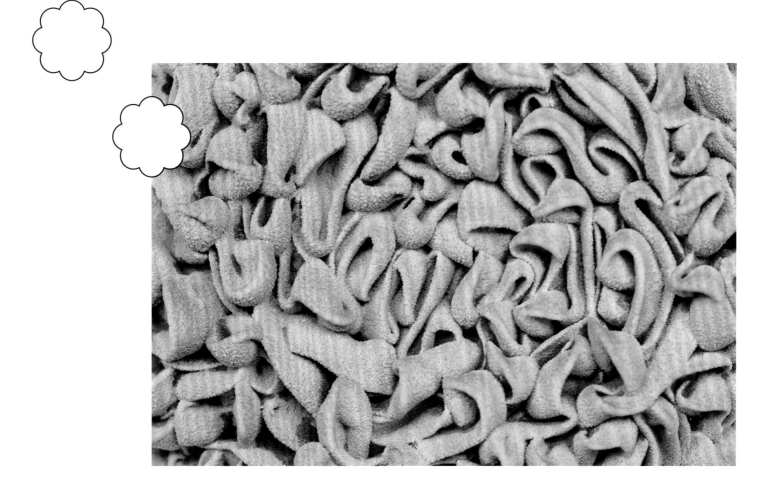

# POMME 苹果

● 甜酥面团
详见第342页

● 苹果果酱
1千克格兰尼史密斯（granny smith）苹果
125克柠檬汁

● 扁桃仁奶酱
详见第336页

● 组装
1个格兰尼史密斯苹果
10个皇家嘎拉（royal gala）苹果

## 甜酥面团

按照第342页的说明制作甜酥面团。

## 扁桃仁奶酱

按照第336页的说明制作扁桃仁奶酱。

## 苹果果酱

苹果去皮，切成小方块。将它们和柠檬汁一起放入抽真空袋中，充分抽真空。然后放入蒸汽烤箱中，以100摄氏度蒸13分钟。

## 组装

在挞皮底部填入扁桃仁奶酱至一半高度。将切成小块的格兰尼史密斯苹果均匀地摆放，用手指轻轻按压。放入烤箱，以170摄氏度烘烤8分钟。从烤箱取出后，冷却15分钟左右。加入苹果果酱至3/4的高度。使用切片器，保留苹果皮的部分，将皇家嘎拉苹果切成薄片。将它们从模具的边缘开始交错排列并向中心移动。取5片苹果垂直交错排列，卷起来制作中心部分。将它们放置在挞的正中心。

# COiNS 木瓜

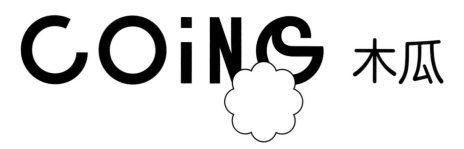

**● 甜酥面团**

115克黄油

70克糖粉

25克榛子粉

1克盐

45克全蛋

190克T65面粉

60克土豆淀粉

**● 扁桃仁奶酱**

详见第336页

**● 水滴形木瓜**

8个木瓜

1千克水

200克砂糖

200克柠檬汁

70克日本柚子汁

**● 木瓜果酱**

500克木瓜边角料

100克烹饪糖浆

**● 香草镜面**

详见第341页

## 甜酥面团

使用厨师机搅拌桨混合黄油、糖粉、榛子粉和盐，加入全蛋乳化，接着加入面粉和土豆淀粉。混合成均匀的面团。将面团擀至3毫米厚，放入8厘米直径的花形模具中入模，用刀将多余的面团切去。用叉子在底部戳洞，放入烤箱，以165摄氏度烘烤25分钟。

## 扁桃仁奶酱

按照第336页的说明制作扁桃仁奶酱。

## 水滴形木瓜

洗净木瓜，将它们去皮并保留200克的果皮。使用切模将木瓜切成水滴形。称重大约300克。保留边角料用来制作果酱。将木瓜皮在水、砂糖、柠檬汁和日本柚子汁中煮沸，浓缩得到粉红色糖浆。加入水滴形木瓜，煮约20分钟。保留烹饪的糖浆。

## 木瓜果酱

将木瓜边角料在烹饪糖浆中熬煮，当没有小块果肉时说明果酱做好了。

## 香草镜面

按照第341页说明制作香草镜面。

## 组装

在甜酥面团中填入扁桃仁奶酱，烤箱以170摄氏度烘烤8分钟。冷却15分钟左右，加入果酱至挞壳一半的高度。将水滴形木瓜摆放成花形，接着用刷子刷上香草镜面。

# 慢烤苹果　POMME

# PRESSÉE

● 布里欧修酥皮

125克牛奶

15克新鲜酵母

340克T65面粉

5克盐

20克砂糖

60克全蛋

30克膏状黄油

180克开酥黄油

● 慢烤苹果

20个苹果

● 软心焦糖

详见第335页

## 布里欧修酥皮

在厨师机中使用搅面钩进行混合，使用1挡速度将除了黄油以外的食材进行混合，慢慢加入全蛋。转至2挡速度后继续混合至面团不粘盆壁。加入切成小块的膏状黄油，将面团揉至均匀，放置在室温环境（20~25摄氏度）发酵约1小时。用手掌用力按压面团进行排气，接着擀成长方形。在长方形面团中心放置一半大小的黄油。折叠边缘，将面团擀开，接着叠一个单折。再次将面团擀开，叠一个双折。再次擀开后最后叠一个单折。放入冰箱冷藏。擀开后用切模切2个18厘米直径的花形。放入冰箱冷藏。其中一片，用切模在每个花瓣和花的中心切出水滴形的孔。将两朵花放在铺有硅胶烤垫（Silpat）的烤盘上。撒上重石，使面团不会膨胀，在175摄氏度的烤箱中烘烤35分钟。

## 慢烤苹果

苹果去皮，用切片器将其切成薄片。将苹果片排列在方形边框框架中，大到足以切出一朵18厘米直径的花形。放入无风的烤箱中，以200摄氏度烘烤4~5小时。

## 软心焦糖

按照第335页的说明制作软心焦糖。

## 组装

使用直径为18厘米的花形模具，切割慢烤苹果。覆盖一层软焦糖，放置在布里欧修酥皮底座上，上面覆盖花瓣上有水滴孔洞的布里欧修酥皮。

# GAVOTTE
## 加沃特脆片

105克蛋清

90克糖粉

45克面粉

470克水

45克黄油

3克盐

根据您的口味：椰蓉、南瓜子、松子、可可碎、开心果碎、榛子碎等。

在盆中，将蛋清、糖粉和面粉混合。同时，将水、黄油和盐一起煮沸，倒入前面的混合物中。在铺有硅胶烤垫（Silpat）的烤盘上，将面糊抹成1毫米厚。加入您选择的坚果。放入175摄氏度的烤箱中烘烤20分钟左右。取出后，将硅胶烤垫的四个角向中心聚拢形成花朵状。它将会立即凝固。注意，此操作需要配备手套！

# MANDARINE

## 橘子

●提木胡椒甘纳许

详见第340页

●日本柚子啫喱

200克日本柚子汁

20克砂糖

3克琼脂粉

●提木胡椒-橘子内馅

500克新鲜橘子汁

25克砂糖

10克琼脂粉

50克日本柚子汁

5克黄原胶

10克提木胡椒

165克糖渍橘子

●橘子-扁桃仁达克瓦兹

80克蛋清

35克砂糖

70克扁桃仁粉

15克面粉

55克糖粉

1个橘子

●白色喷砂

详见第338页

●最终组装

3个橘子

## 提木胡椒甘纳许

按照第340页的说明制作提木胡椒甘纳许。

## 日本柚子啫喱

将日本柚子汁煮沸，加入提前混合好的砂糖和琼脂粉，混合后放入冷藏凝固1小时左右。

## 提木胡椒−橘子内馅

将橘子汁煮沸，加入提前混合好的砂糖和琼脂粉，混合好后放入冰箱冷藏1小时左右。冷却后，再次混合加入日本柚子汁、黄原胶和提木胡椒，最后加入糖渍橘子。

## 橘子−扁桃仁达克瓦兹

制作法式蛋白霜：通过分3次加入砂糖打发蛋清。当提起时的状态是"鸟喙状"时表示蛋白霜已经制作好，加入过筛的粉类。将达克瓦兹面糊挤入20厘米直径的圆模中。将橘子去皮取出小瓣，将它们放在面糊上并轻轻向下压，放入烤箱中，以170摄氏度烘烤16分钟。

## 白色喷砂

按照第338页的说明制作白色喷砂。

## 组装

使用电动打蛋器将甘纳许打发。轻轻将达克瓦兹脱模，将它放在一个相同大小的圆模中，加入一层提木胡椒−橘子内馅，然后点上一些柚子啫喱，注意不要超过2.5厘米高。一起放入冷柜冷冻大约4小时。将打发好的甘纳许挤入帕沃尼（Pavoni）品牌的18厘米慕斯模具整个表面，中心部分多挤一些，确保内馅完全在正中心。放入内馅，接着覆盖甘纳许，用抹刀抹平。放入冷柜冷冻约6小时。

## 装饰

使用装有125号裱花嘴的裱花袋，从中心向外，按照蛋糕的形状，挤出长条状的甘纳许。放入冷冻3小时左右。

## 最终组装

橘子去皮，取出小瓣。用微波炉加热15～30秒，切开上方白色的薄膜，向外打开取出果肉。使用8厘米直径的切模，将中心挖空，用喷枪在蛋糕上均匀地覆盖白色喷砂。中心部分加入橘子果肉，享用前放入冰箱冷藏4小时。

# SUCCÈS
## 胜利蛋糕

● 甜酥面团

详见第342页

● 榛子达克瓦兹

80克蛋清

35克砂糖

70克榛子粉

15克面粉

55克糖粉

1个橘子

● 榛子帕林内

详见第343页

● 榛子脆层

250克榛子帕林内

50克薄脆片

12克可可脂

● 巴黎-布雷斯特奶油

140克牛奶

60克淡奶油

2克香草颗粒

（或香草籽）

35克蛋黄

35克砂糖

10克吉士粉

10克面粉

60克黄油

12克可可脂

28克吉利丁冻

（4克吉利丁粉和24克水调制而成）

12克马斯卡彭奶酪

110克纯榛子酱

40克榛子帕林内

120克打发淡奶油

● 黑柠檬啫喱

500克柠檬汁

50克砂糖

8克琼脂粉

5克黄原胶

12克黑柠檬粉

● 组装

阿兰·杜卡斯纯榛子酱

## 甜酥面团

按照第342页的说明制作甜酥挞皮。

## 榛子达克瓦兹

制作法式蛋白霜：通过分3次加入砂糖打发蛋清。当提起时的状态是"鸟喙状"时表示蛋白霜已经制作好。加入过筛的粉类。将达克瓦兹面糊挤入18厘米直径的圆模中。橘子去皮后取出果肉，放在面糊上并轻轻向下按压。放入烤箱，以170摄氏度烘烤约16分钟。

## 榛子帕林内

按照第343页的说明制作榛子帕林内。

## 榛子脆层

在厨师机中使用搅拌桨混合榛子帕林内和薄脆片，通过一点点加入融化的可可脂将所有食材混合均匀。

## 巴黎-布雷斯特奶油

在深口平底锅中，将牛奶、淡奶油和香草籽一起煮沸。同时，在盆中将蛋黄、砂糖、吉士粉和面粉打至发白。将煮沸的牛奶混合物冲入打至发白的蛋黄中，不断搅拌煮沸2分钟。加入黄油、可可脂、吉利丁冻、马斯卡彭奶酪、纯榛子酱和帕林内。放入冰箱冷藏静置4小时左右。在厨师机中使用球桨，将混合物打至顺滑，加入打发的淡奶油。

## 黑柠檬啫喱

在深口平底锅中，将柠檬汁煮沸，加入提前混合好的砂糖和琼脂粉，混合均匀。当啫喱冷却后，使用食物料理机（Thermomix）搅拌，接着加入黄原胶和黑柠檬粉。

## 组装

在甜酥挞皮底部，抹一层脆层，点缀一些榛子帕林内和黑柠檬啫喱。再将达克瓦兹圆饼放在上面。

## 装饰

使用电动打蛋器将巴黎-布雷斯特奶油打发。用装有带齿裱花嘴的裱花袋，连续来回运动，在蛋糕上形成相互缠绕的线条，旨在让甘纳许"灵动"地覆盖整个表面，并形成微凸的圆顶。

# 布尔达卢
# BOURDALOUE

● 布里欧修酥皮

详见第335页


● 扁桃仁奶酱

详见第336页


● 梨子糖浆

1千克水

500克砂糖

3根香草荚

15个小梨

● 卡拉胶

6克卡拉胶

65克砂糖

430克水

45克葡萄糖浆


● 组装

200克扁桃仁片

糖粉


## 布里欧修酥皮

按照第335页的说明制作布里欧修酥皮。


## 扁桃仁奶酱

按照第336页的说明制作扁桃仁奶酱。


## 梨子糖浆

制作糖浆：将水、砂糖、剖开的香草荚和香草籽煮沸。将整个梨去皮，用干净的海绵的绿色部分擦拭、抛光，然后冲洗去除残留物。将它们和糖浆、香草荚一起放入抽真空袋中，放入90摄氏度的浸没式加热器中或在盛满沸水的锅中加热20分钟。沥干，将其中13个梨去核，保留2个完整的用于装饰。


## 卡拉胶

混合卡拉胶和砂糖，将它们加入提前混合好的水和葡萄糖浆中，煮沸1分钟左右。


## 组装

将扁桃仁奶酱填入布里欧修酥皮一半的高度，撒扁桃仁片，放入烤箱，以170摄氏度烘烤8分钟左右，冷却几分钟。将13个去核的梨浸入热的卡拉胶中，然后均匀地摆放在蛋糕上方。将两个没有去核的梨，其中一个对半切开，另一个撒上糖粉，将它们放在中央。

# TiRAMiSU

## 提拉米苏

● 咖啡甘纳许

详见第338页

● 手指饼干底

9个全蛋

220克帕内拉红糖

（或砂糖）

220克面粉

15克咖啡粉

砂糖

糖粉

浓缩咖啡

● 黑色喷砂

100克可可脂

100克黑巧克力

● 白色喷砂

详见第338页

● 马斯卡彭奶油

200克马斯卡彭奶酪

200克淡奶油

2个全蛋

60克帕内拉红糖

（或砂糖）

10克阿玛雷托酒（Amaretto）

【译注：阿玛雷托是以杏核或扁桃仁为主要

原料的意大利力娇酒】

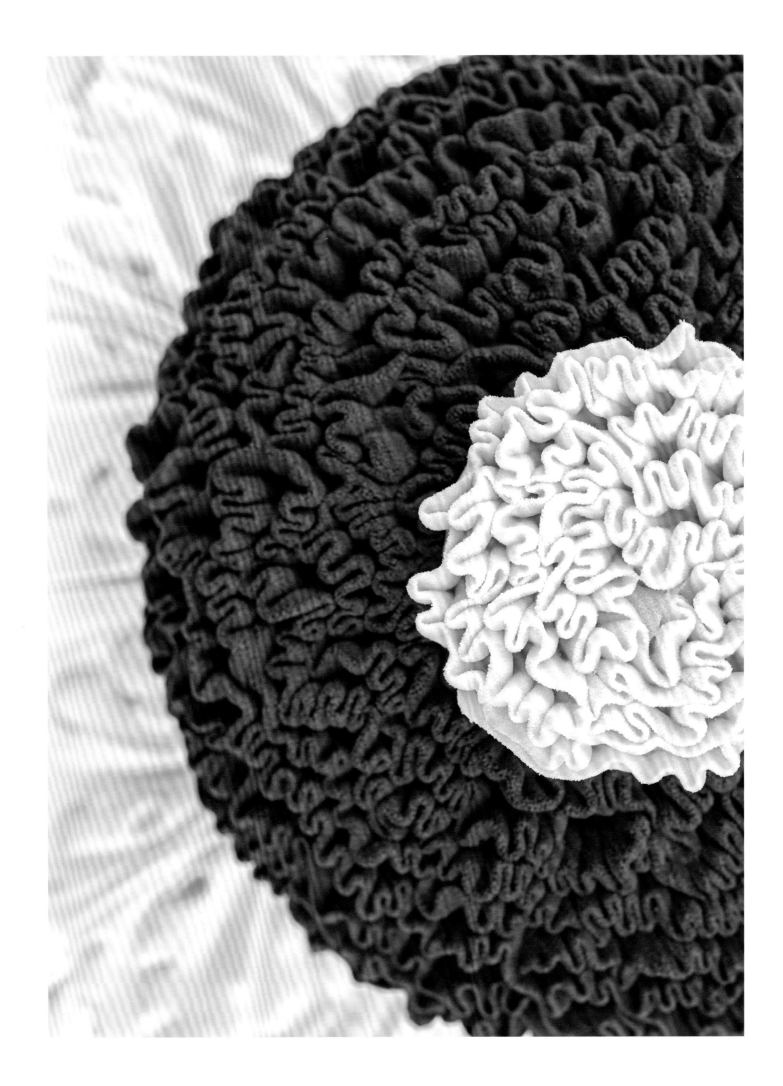

## 咖啡甘纳许

按照第338页的说明制作咖啡甘纳许。

## 手指饼干底

将蛋清和蛋黄分离，在厨师机中使用球桨，将蛋黄和一半的帕内拉红糖打发，接着将蛋清和另一半帕内拉红糖打发。将两者混合加入过筛的面粉和咖啡粉。在铺有硅胶烤垫（Silpat）的烤盘上，将面糊抹平至1厘米厚。轻轻撒上砂糖和糖粉。在烤箱中以200摄氏度烘烤5~6分钟。取出冷却，接着切成四个直径分别为16、12、8和6厘米的圆。用刷子把饼底用浓缩咖啡浸湿。

## 黑色＆白色喷砂

可可脂融化，接着将其倒入切碎的巧克力中，混合得到均匀的混合物。按照第338页的说明制作白色喷砂。

## 马斯卡彭奶油

在厨师机中使用球桨搅拌，将所有食材混合得到打发的慕斯状质地。

## 组装

使用电动打蛋器打发甘纳许。将甘纳许挤入帕沃尼（Pavoni）品牌的18厘米慕斯模具的整个表面，在中心部分多挤一些甘纳许，确保饼底和甘纳许完全在正中心，放入8厘米的饼底，覆盖一层薄薄的甘纳许，放入12厘米的饼底，再覆盖新的甘纳许，重复操作再放入16厘米的饼底。用抹刀抹平，放入冷柜冷冻6小时左右。

## 装饰

第一阶段

轻轻给蛋糕脱模，然后把它放在烘焙电唱机上。使用装有125号圣多诺裱花嘴的裱花袋，用甘纳许从中心开始制作小而不规则的波浪。放入冷柜冷冻3小时左右。用切模将中心8厘米直径部分去掉。用喷枪在蛋糕表面均匀地覆盖黑色喷砂。

第二阶段

将最后6厘米的饼底放在烘焙电唱机上，重复之前相同的裱花。用喷枪在表面喷白色喷砂，将它放在蛋糕的中央。

# îLE

# ÎLOTTANTE

# 漂浮岛

**❊英式蛋奶酱**

285克牛奶

285克淡奶油

1根香草荚

90克蛋黄

45克砂糖

45克帕内拉红糖

**❊漂浮岛**

300克蛋清

200克砂糖

**❊组装**

蜂蜜

## 英式蛋奶酱

在深口平底锅中，将牛奶、淡奶油、剖开的香草荚和香草籽一起加热。盆中将蛋黄和砂糖、帕内拉红糖打至发白。倒入温热的牛奶和淡奶油中，煮至84摄氏度，过筛后放入冰箱冷藏保存。

## 漂浮岛

蛋清加入砂糖打发收紧。将它们倒入一个18厘米直径的花形模具中。放入微波炉加热20秒，接着20秒，最后10秒。在这里分开3次加热很重要，每一次，都要打开门把蒸汽散去。小心地取下模具。

## 组装

将英式蛋奶酱倒入盘中，把花放在中心，倒入少许融化的蜂蜜，将扁桃仁放在正中心。

# 葡萄

● 葡萄甘纳许

200克淡奶油

85克蛋黄

40克砂糖

17克吉利丁冻

（2.5克吉利丁粉和14.5克水调制而成）

165克酸葡萄汁

165克葡萄汁

330克马斯卡彭奶酪

● 甜酥面团

详见第342页

● 扁桃仁奶酱

详见第336页

● 葡萄果酱

200克白葡萄

200克黑葡萄

40克葡萄果茸

少许橄榄油

30克砂糖

30克葡萄糖粉

6克NH果胶粉

2克酒石酸

● 葡萄啫喱

500克葡萄果茸

50克砂糖

10克琼脂粉

6克黄原胶

250克白葡萄

250克黑葡萄

● 紫红喷砂

100克可可脂

100克白巧克力

5克红色脂溶性色素

1克蓝色脂溶性色素

0.5克红色水溶性色素

● 绿色喷砂

详见第338页

● 卡拉胶

430克水

345克葡萄糖浆

65克砂糖

6克卡拉胶

● 仿真葡萄

糖粉

● 组装

10粒白葡萄

10粒黑葡萄

## 葡萄甘纳许

将淡奶油煮沸。蛋黄和砂糖混合。将一小部分淡奶油倒入蛋黄混合物中，接着重新倒入深口平底锅中制作英式蛋奶酱。煮2分钟后，加入吉利丁冻、酸葡萄汁、葡萄汁混合均匀。过筛，接着加入马斯卡彭奶酪。放入冰箱冷藏约12小时。

## 甜酥面团

按照第342页的说明制作甜酥面团。

## 扁桃仁奶酱

按照第336页的说明制作扁桃仁奶酱。

## 葡萄果酱

在深口平底锅中先用橄榄油将葡萄和果茸翻炒，小火慢炖约30分钟。加入砂糖、葡萄糖浆、NH果胶粉和酒石酸，充分混合后煮沸1分钟，放入冷藏保存。

## 葡萄啫喱

在深口平底锅中，将葡萄果茸加热，加入提前混合好的砂糖和琼脂粉。冷却。将果茸和黄原胶混合，加入一切为四的葡萄。

## 紫红喷砂

在深口平底锅中，将可可脂融化，倒入切碎的巧克力中。和色素混合得到均匀的混合物。

## 绿色喷砂

按照第338页的说明制作绿色喷砂。

## 卡拉胶

在深口平底锅中，将水、葡萄糖浆和提前混合的砂糖、卡拉胶一起煮沸。

## 仿真葡萄

用电动打蛋器将甘纳许打发。在直径为2厘米的球形软模具中，倒入葡萄啫喱，放入冷柜冷冻3小时左右凝固，轻轻脱模，此为内馅。在直径为3厘米的球形软模具中，底部填入打发甘纳许，放入内馅，接着覆盖甘纳许，放入冷柜冷冻约3小时。将葡萄抛光，然后将一半浸入紫红喷砂溶液，一半浸入绿色喷砂溶液。等待表层凝固。再浸入卡拉胶中，轻轻撒上糖粉。卡拉胶凝固后继续组装。

## 组装

在甜酥面团上填入一层薄薄的扁桃仁奶酱。加入对半切开的4粒白葡萄和4粒黑葡萄。放入烤箱，以170摄氏度烘烤8分钟。放置冷却15分钟左右。加入一层葡萄果酱，接着抹平葡萄啫喱至挞壳高度。将仿真葡萄和真的葡萄和谐地摆放。

花生

● 甜酥面团

详见第342页

● 花生帕林内

500克花生
125克砂糖
10克海盐

● 花生脆层

250克花生
500克花生帕林内
100克薄脆片
25克可可脂

● 花生饼底

120克黄油
140克纯花生酱
160克蛋黄
180克砂糖
240克蛋清
15克面粉
15克土豆淀粉
花生碎

● 软心焦糖

详见第335页

● 焦糖花生

400克花生
120克砂糖
50克水
2克酒石酸

## 甜酥面团

按照第342页的说明制作甜酥面团。

## 花生帕林内

将花生放入烤箱，以165摄氏度烘烤15分钟。使用砂糖制作干焦糖，冷却后研磨，接着研磨花生。在厨师机中用搅拌桨，将所有食材混合。

## 花生脆层

将花生放入烤箱，以165摄氏度烘烤15分钟，碾碎。在厨师机中用搅拌桨混合，通过慢慢加入融化的可可脂，将所有食材混合均匀。

## 花生饼底

在厨师机中使用搅拌桨混合，将黄油和纯花生酱打发。将蛋黄和60克砂糖打至发白。蛋清和剩余砂糖打发收紧。将这三个部分混合并加入提前过筛的面粉和土豆淀粉。在铺有硅胶烤垫（Silpat）的烤盘上，抹一层薄薄的面糊，撒上花生碎。放入烤箱，以175摄氏度烘烤13分钟。

## 软心焦糖

按照第335页的说明制作软心焦糖。

## 焦糖花生

将花生放入烤箱，以170摄氏度烘烤15分钟。用砂糖、水和酒石酸制作焦糖，直到煮至棕色。加入花生，使其焦糖化几分钟，接着移至铺有硅胶烤垫的烤盘上，将花生彼此分开，避免相互粘连。

## 组装

在挞底部抹一层脆层，覆盖花生饼底，抹平软心焦糖。将焦糖花生呈花环状和谐地摆放。

千层酥

● 香草甘纳许

700克淡奶油

1根香草荚

150克调温象牙白巧克力

36克吉利丁冻

（5克吉利丁粉和31克水调制而成）

● 布里欧修酥皮

200克牛奶

25克新鲜酵母

550克T65面粉

8克盐

40克砂糖

100克全蛋

50克膏状黄油

500克开酥黄油

● 软心焦糖

配方的双倍量，详见第335页

● 糖霜

500克翻糖

60克可可脂

50克葡萄糖浆

50克牛奶巧克力

50克白巧克力

50克黑巧克力

1小撮竹炭粉

## 香草甘纳许

按照第340页的说明制作香草甘纳许。

## 布里欧修酥皮

在厨师机中使用搅面钩进行混合，使用1挡速度将除了黄油以外的食材进行混合，慢慢加入全蛋。转至2挡速度后继续混合至面团不粘盆壁。加入切成小块的膏状黄油，将面团揉至均匀。放置在室温环境（20~25摄氏度）发酵约1小时。用手掌用力按压面团进行排气，接着擀成长方形。在长方形面团中心放置一半大小的黄油。折叠边缘，将面团擀开，接着叠一个单折。再次将面团擀开，叠一个双折。再次擀开后最后叠一个单折。擀开后，放入四个提前准备好的铺有油纸的18厘米直径的花形模具中成形（或者四次连续地烘烤）。用另一张油纸覆盖面团，用重物填充模具，使面团膨胀成想要的形状。放入烤箱，以175摄氏度烘烤20分钟。

## 软心焦糖

在深口平底锅中，将砂糖和110克的葡萄糖浆加热至185摄氏度，煮至琥珀色。在另一个深口平底锅中，将牛奶、淡奶油、剩余的葡萄糖浆、香草、海盐加热，将热牛奶混合物倒入焦糖中稀释，煮至105摄氏度，接着过筛。焦糖降温至70摄氏度后加入黄油，混合均匀。

## 糖霜

在深口平底锅中，将翻糖加热至36摄氏度，接着加入可可脂和葡萄糖浆。分别加入三种融化的巧克力，在黑巧克力中加入竹炭粉。

## 组装

使用电动打蛋器打发甘纳许。在花形的布里欧修酥皮上，用装有20号圆口裱花嘴的裱花袋，在每个花瓣和中心挤球状甘纳许。在每个边缘处填入软心焦糖，将这样的操作重复两次。将最后一个布里欧修酥皮放置在烤网上，覆盖糖霜，用抹刀将多余部分去掉。装饰部分，使用非常细的1号圆口裱花嘴，用融化的黑巧克力、牛奶巧克力和白巧克力制作花环状装饰。

# BASQUE 车厘子巴斯克
# AUX CERISES

● 香草卡仕达酱

详见第336页


● 巴斯克内馅

60克黄油

60克砂糖

60克扁桃仁粉

10克土豆淀粉

60克全蛋

120克香草卡仕达酱

25克纯坚果酱

（扁桃仁-榛子）

15个车厘子

● 巴斯克沙布雷面团

180克黄油

160克粗黄糖

65克全蛋

2克盐

12克泡打粉

220克T55面粉

110克扁桃仁粉


● 蛋液

60克蛋黄

20克淡奶油

25克蜂蜜

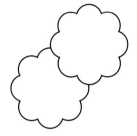

## 香草卡仕达酱

按照第336页的说明制作香草卡仕达酱。


## 巴斯克内馅

在厨师机中使用搅拌桨混合黄油、砂糖、扁桃仁粉和土豆淀粉，慢慢加入全蛋，接着加入卡仕达酱和坚果酱。将去核对半切开的车厘子分布在内馅中，用手指轻轻按压。将混合物加入14厘米直径2.5厘米高的模具中。放入冷柜冷冻4小时。


## 巴斯克沙布雷面团

在厨师机中使用搅拌桨混合，将黄油和粗黄糖混合成粗粒状，加入全蛋，接着加入粉类，直到形成均匀的面团，擀至3毫米厚。放入提前准备好铺有油纸的18厘米直径的花形模具中成形。


## 蛋液

将所有食材混合均匀。


## 组装

将内馅放入巴斯克沙布雷面团底部，用擀薄的星形巴斯克面团将它们全部覆盖，以贴合模具的形状。顶部用刀尖装饰并轻轻刷上蛋液。放入烤箱中，以170摄氏度烘烤35分钟。

# LAiT 牛奶

● 甜酥面团

详见第342页

● 软心焦糖

详见第335页

● 香草帕林内

150克扁桃仁

1根香草荚

100克砂糖

70克水

75克炒米

● 米布丁

800克牛奶

70克砂糖

100克卡纳罗利大米

4克香草颗粒

（或香草籽）

2克黄原胶

● 牛奶泡沫

28克吉利丁冻

（4克吉利丁粉和24克水调制而成）

1千克牛奶

5克气泡糖

【译注：气泡糖是一种乳化剂，常用于分子料理】

### 甜酥面团

按照第342页的说明制作甜酥面团。

### 软心焦糖

按照第335页的说明制作软心焦糖。

### 香草帕林内

将扁桃仁和香草荚放入烤箱，以165摄氏度烘烤15分钟。在深口平底锅中，将砂糖和水煮至110摄氏度，加入扁桃仁和香草荚，混合，使其裹上糖浆，翻炒至焦糖化。冷却后研磨。将所有食材和炒米混合。

### 米布丁

将除黄原胶的所有食材和牛奶一起煮沸，持续煮沸约12分钟。米粒被煮熟但仍有一定硬度，把它们沥干。接着在牛奶中加入黄原胶，将米和牛奶混合。

### 牛奶泡沫

用微波炉将吉利丁冻融化。在一个较深的容器中，用手持均质机（Bamix）搅拌牛奶、气泡糖和吉利丁冻，得到慕斯状的混合物。

### 组装

在挞的底部，挤一层薄的香草帕林内。用米布丁覆盖四分之三，接着填满软焦糖。最后将牛奶泡沫装饰在挞上。

HIVER

# 冬日之花

特大号花朵

● 肉桂甘纳许

1560克淡奶油

4根肉桂棒

20克肉桂粉

350克调温象牙白巧克力

80克吉利丁冻

（14克吉利丁粉和66克水调制而成）

● 斯派库鲁斯面团

225克黄油

145克糖粉

45克榛子粉

2克盐

87克全蛋

375克T65面粉

120克土豆淀粉

30克肉桂粉

● 肉桂扁桃仁奶酱

250克黄油

250克砂糖

100克肉桂粉

250克扁桃仁粉

250克全蛋

● 葡萄柚啫喱

1千克葡萄柚汁

100克砂糖

15克琼脂粉

5克黄原胶

100克糖渍葡萄柚

100克葡萄柚果肉

● 红宝石喷砂

详见第338页

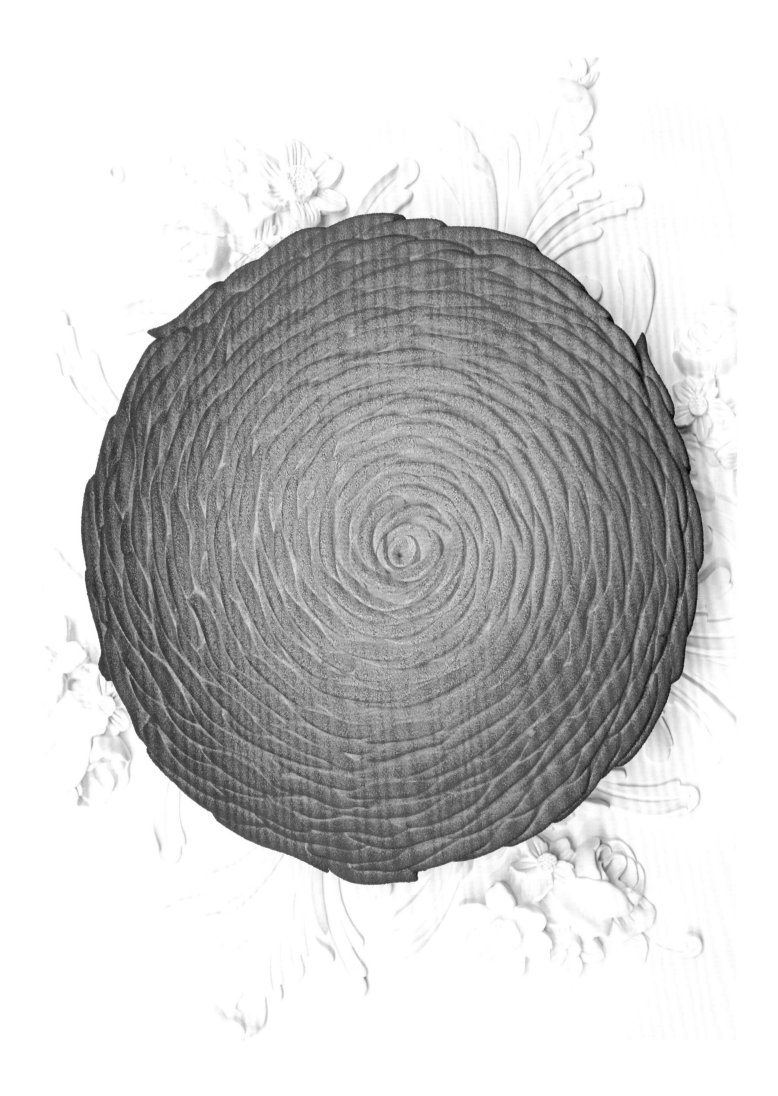

## 肉桂甘纳许

前一天在深口平底锅中，将一半的淡奶油加热。加入肉桂棒和肉桂粉，离火，盖上盖子浸泡10分钟左右。再次煮热后过筛。倒入切碎的巧克力和吉利丁冻中，接着加入剩余的淡奶油。混合得到均匀的甘纳许，放入冰箱静置冷藏12小时。

## 斯派库鲁斯面团

在厨师机中使用搅拌桨将黄油、糖粉、榛子粉和盐混合均匀，加入全蛋乳化，接着加入面粉、土豆淀粉和肉桂粉，混合得到均匀的面团。放入冰箱冷藏。将面团擀至5毫米厚，然后切成60厘米直径的圆形。放入40厘米的模具中成形。使用小刀将周围多余的面团切除，放在硅胶烤垫上（或者烘焙油纸），在底部用叉子戳洞，放入烤箱，以165摄氏度烘烤30分钟。

## 肉桂扁桃仁奶酱

在厨师机中使用搅拌桨将黄油、砂糖、肉桂粉和扁桃仁粉混合，慢慢加入全蛋，放入冰箱冷藏。

## 葡萄柚啫喱

在深口平底锅中，将葡萄柚汁煮沸，加入提前混合好的砂糖、琼脂粉和黄原胶，混合后放入冰箱冷藏。当啫喱凝固后，再次混合，接着加入切成小块的糖渍葡萄柚和葡萄柚果肉。

## 红宝石喷砂

按照第338页的说明制作红宝石喷砂。

## 组装

在斯派库鲁斯面团中填入扁桃仁奶酱，放入烤箱，以170摄氏度烘烤8分钟。冷却15分钟左右，加入葡萄柚啫喱至挞壳高度，放入冰箱冷藏30分钟左右。

# 装饰

使用电动打蛋器将甘纳许打发。借助金属支架和装有125号圣多诺裱花嘴的裱花袋，从中心开始进行不规则的花瓣裱花，形成一朵美丽的花朵。从左到右，制作小圆弧形。用喷枪在表面覆盖红宝石喷砂，实现从深红色到浅红色的色彩变化。

# CAFÉ 咖啡

**● 榛子脆层**

100克榛子

100克阿兰·杜卡斯咖啡豆

35克砂糖

100克薄脆片

10克葡萄籽油

10克可可脂

**● 咖啡甘纳许**

550克淡奶油

28克咖啡豆

100克调温象牙白巧克力

24克吉利丁冻

（4克吉利丁粉和24克水调制而成）

6克咖啡粉

**● 甜酥面团**

详见第342页

**● 炼乳咖啡**

240克含糖炼乳

240克无糖炼乳

4克黄原胶

14克咖啡粉

**● 咖啡达克瓦兹**

75克蛋清

35克砂糖

70克扁桃仁粉

15克面粉

55克糖粉

6克咖啡粉

**● 咖啡镜面**

100克中性镜面果胶

2克咖啡粉

## 榛子脆层

将榛子和咖啡豆放入烤箱，以165摄氏度烘烤15分钟。使用砂糖制作干焦糖，获得30克焦糖。冷却成固态。分别混合薄脆片、焦糖、榛子和咖啡豆，混合过程中慢慢加入葡萄籽油。在厨师机中使用搅拌桨，一点点加入融化的可可脂，将所有食材混匀。

## 咖啡甘纳许

前一天，在深口平底锅中加热一半的淡奶油，加入咖啡豆，混合后离火。盖上盖子，浸泡10分钟左右。再次加热后过筛，倒入切碎的巧克力和吉利丁冻中，接着加入剩余的淡奶油。最后加入咖啡粉，得到均匀的甘纳许。放入冰箱冷藏12小时左右。

## 甜酥面团

按照第342页的说明制作甜酥面团。

## 炼乳咖啡

将炼乳放入烤箱，以90摄氏度烘烤4小时，将所有食材混匀。

## 咖啡达克瓦兹

制作法式蛋白霜：通过分3次加入砂糖打发蛋清。当提起时的状态是"鸟喙状"时表示蛋白霜已经制作好。加入过筛的粉类。将达克瓦兹挤入20厘米直径的圆模中。放入烤箱，以170摄氏度烘烤约16分钟。

## 咖啡炼乳内馅

将炼乳咖啡灌入3厘米直径的半球形模具中，放入冷柜冷冻3小时。

## 组装

将甜酥面团中填入榛子脆层至一半的高度，再加入炼乳至4/5的高度。将达克瓦兹的模具轻轻脱模，手动将直径修剪1~2厘米，使裱花更加容易。放置达克瓦兹至挞壳高度。将内馅用牙签固定好后蘸入牛奶巧克力涂层中，放在蛋糕中心。

## 装饰

用电动打蛋器将甘纳许打发。从中心开始，借助金属支架和装有圣多诺104号裱花嘴的裱花袋，制作规则的花瓣，形成美丽的花朵。从左到右，围绕着内馅制作小圆弧形，在中心留出2厘米直径的圆，接着逐渐增加圆弧的大小，每次从上一个花瓣的一半处开始。

## 咖啡镜面

在深口平底锅中，将中性镜面果胶和咖啡粉煮沸。将混合物倒入喷枪中直接喷在蛋糕上。最后轻轻喷在内馅上。

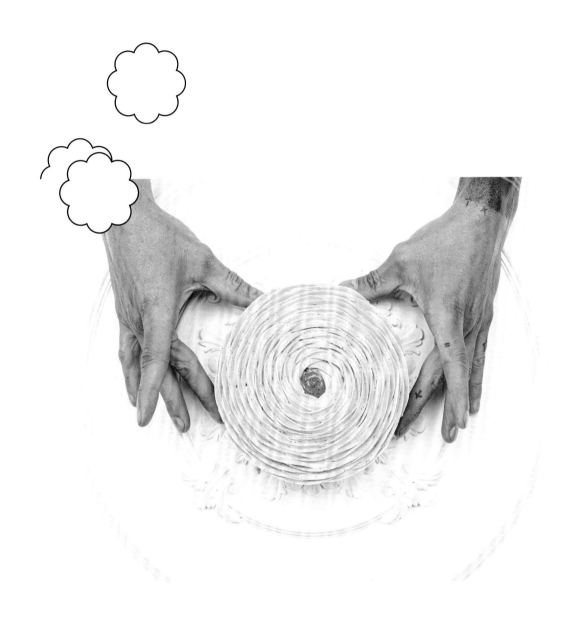

# TATiN 翻转苹果挞

● 布里欧修酥皮
详见第335页

● 软心焦糖
配方的双倍量，详见第335页

● 扁桃仁奶酱
详见第336页

● 日本迷你苹果
500克日本迷你苹果
250克砂糖

## 布里欧修酥皮

按照第335页的说明制作布里欧修酥皮。

## 扁桃仁奶酱

按照第336页的说明制作扁桃仁奶酱。

## 软心焦糖

按照第335页的说明制作软心焦糖。

## 日本迷你苹果

洗净苹果，放在一个铺有硅胶烤垫的烤盘上，以180摄氏度烘烤5分钟。使用砂糖制作干焦糖。苹果从烤箱取出后，稍稍放凉后放入焦糖中，裹满焦糖。

## 组装

在布里欧修酥皮中填入扁桃仁奶酱，放入烤箱，以165摄氏度烘烤8分钟，冷却15分钟左右。加入一层漂亮的软心焦糖，接着均匀和谐地摆放焦糖迷你苹果。

# 杧果

# MANGUE

●甜酥面团
详见第342页

●杧果啫喱
200克杧果果茸
200克百香果汁
5克黄原胶

●香草卡仕达酱
详见第336页

●香草扁桃仁奶酱
详见第336页

●香草镜面
详见第341页

●组装
2个杧果

### 甜酥面团

按照第342页的说明制作甜酥面团。

### 香草卡仕达酱

按照第336页的说明制作香草卡仕达酱。

### 香草扁桃仁奶酱

按照第336页的说明制作香草扁桃仁奶酱。

### 杧果啫喱

将所有食材混合至混合物变稠。

### 香草镜面

按照第341页的说明制作香草镜面。

### 组装

将杧果去皮，尽可能靠近果核将它切成两半。用刀将杧果果肉切成薄片，将边角料切成小块。在甜酥挞皮中填入扁桃仁奶酱后，在烤箱中以170摄氏度烘烤8分钟，冷却15分钟左右。在挞的中心，挤球状的卡仕达酱作为参照点，接着在边缘挤球形卡仕达酱形，将它拉至中心参照点。杧果啫喱也进行相同的操作，旨在形成相互交替的白-橙色调纹覆盖整个挞底。均匀地摆放杧果块后用抹刀抹平。接着用杧果薄片制作花环状。为了增加立体感，轻轻按压底部的杧果片，在挞底像这样慢慢抬起它们，使它们在第三或者第四圈时几乎是直的。将香草镜面倒入喷枪中，轻轻喷在蛋糕上。

# GiANDUJA

## 占度亚

● **占度亚甘纳许**

340克淡奶油

100克黄油

100克占度亚巧克力

270克阿兰·杜卡斯黑巧克力

● **巧克力甜酥面团**

详见第342页

● **榛子帕林内**

详见第343页

● **巧克力泡芙**

30克可可粉

20克蛋清

50克水

50克牛奶

2克盐

4克细砂糖

45克黄油

55克T65面粉

90克全蛋

● **组装**

400克占度亚巧克力

10克可可脂

## 占度亚甘纳许

前一天，在深口平底锅中将一半的淡奶油煮沸。将热的液体倒入黄油、占度亚巧克力、切碎的黑巧克力中，加入剩余的淡奶油，混合得到均匀的甘纳许。过筛后放入冰箱冷藏静置12小时。

## 巧克力甜酥面团

按照第342页的说明制作巧克力甜酥面团。

## 榛子帕林内

按照第343页的说明制作榛子帕林内。

## 巧克力泡芙

将可可粉和蛋清混合均匀。在深口平底锅中将水、牛奶、盐、细砂糖和黄油煮沸，持续煮沸1~2分钟。加入面粉，小火煮至面团不粘锅壁。将面团倒入厨师机中使用搅拌桨搅拌。混合的目的是去除面团中的水汽。接着分3次加入全蛋。加入可可粉混合物，放入冷藏约2小时。在铺了硅胶烤垫的烤盘上（或者烘焙油纸），挤2厘米直径的泡芙。放入平炉烘烤以175摄氏度烤制30分钟（或者使用传统烤箱：如果是这样，将泡芙放入提前预热好的260摄氏度烤箱，关闭烤箱15分钟，接着重新开启烤箱，以160摄氏度继续烘烤10分钟）。

## 组装

在泡芙中填入300克占度亚巧克力，将剩余100克和融化的可可脂混合。在挞底，抹一层帕林内至2/3高度，接着均匀地放置十几个占度亚泡芙。空隙处用占度亚-可可脂混合物填满，放入冰箱冷藏1小时。

## 装饰

使用装有104号裱花嘴的裱花袋，将甘纳许在蛋糕上连续来回运动，旨在形成相互缠绕的线条，让甘纳许"灵动"地覆盖整个表面。

# 荔枝

● 荔枝−马鞭草胡椒甘纳许
详见第340页

● 荔枝内馅
600克荔枝果茸
60克砂糖
6克琼脂粉
3克黄原胶
170克费拉芦荟
10克万寿菊
830克荔枝

● 粉红色喷砂
详见第338页

● 绿色喷砂
详见第338页

● 白色喷砂
详见第338页

● 船形涂层
防潮糖粉

## 荔枝−马鞭草胡椒甘纳许

按照第340页的说明制作荔枝−马鞭草胡椒甘纳许。

## 荔枝内馅

将荔枝果茸煮沸，加入提前混合好的砂糖和琼脂粉，放入冰箱冷藏凝固。接着放入食物料理机中，使啫喱松弛，加入黄原胶、切成小块的费拉芦荟、切得很细的万寿菊、一切为四的荔枝果肉。倒入8厘米长的船形（卡利松糖的形状）软模具中，放入冷柜，将内馅冷冻。轻轻地脱模。

## 装饰

使用电动打蛋器打发甘纳许。将裱花袋剪出2毫米的圣多诺裱花嘴状缺口。在每个冷冻的荔枝内馅上，用甘纳许装饰小的"火焰"状裱花。从船形的一端到另一端，按照船的形态进行裱花。"火焰"的形状、大小必须是规则的。

## 粉红色＆绿色＆白色喷砂

按照第338页的说明制作粉红色&绿色&白色喷砂。

## 船形涂层

在玫瑰喷砂溶液中间倒入一条水平的绿色喷砂溶液，接着再加入一些无规则的白色喷砂溶液斑块。用木签固定住冷冻的内馅，浸入30摄氏度混合的喷砂溶液中，确保将绿色定位在荔枝花的中心。轻轻地从喷砂中取出效果会有细微差别的仿真水果。待喷砂凝固（1～2分钟）后轻轻撒上防潮糖粉。享用前将蛋糕放入冰箱冷藏4小时。

# CHOCOLAT
# 巧克力

● 巧克力甘纳许

550克淡奶油

50克可可含量66%的黑巧克力

21克吉利丁冻

（3克吉利丁粉和18克水调制而成）

● 巧克力焦糖

50克砂糖

80克葡萄糖浆

130克牛奶

135克淡奶油

2克海盐

40克黄油

50克阿兰·杜卡斯黑巧克力

● 巧克力甜酥面团

详见第342页

● 巧克力饼底

100克扁桃仁粉

90克粗黄糖

40克T55面粉

4克泡打粉

10克可可粉

5克盐

135克蛋清

40克蛋黄

25克淡奶油

40克黄油

20克砂糖

● 可可碎帕林内

100克榛子

30克砂糖

40克可可碎

40克葡萄籽油

2克海盐

● 可可镜面

100克中性镜面果胶

10克可可粉

## 巧克力甘纳许

前一天，在深口平底锅中，将一半的淡奶油加热，倒入切碎的巧克力和吉利丁冻中。混合后加入剩余的淡奶油，得到均匀的甘纳许。过筛，放入冰箱冷藏静置12小时左右。

## 巧克力甜酥面团

按照第342页的说明制作巧克力甜酥面团。

## 可可碎帕林内

将榛子放入烤箱，以165摄氏度烘烤15分钟。用砂糖制作干焦糖，冷却后研磨。将榛子、可可碎和葡萄籽油一起研磨。在厨师机中使用搅拌桨将所有食材混合。

## 巧克力焦糖

在深口平底锅中，将砂糖和55克的葡萄糖浆加热至185摄氏度，得到琥珀色。同时，将50克的牛奶、淡奶油、剩余的葡萄糖浆和海盐加热。用热牛奶混合物稀释焦糖，煮至105摄氏度，过筛。当焦糖降温至70摄氏度时，加入黄油、切碎的巧克力和剩余的牛奶，混合，接着过筛。

## 巧克力饼底

将扁桃仁粉、粗黄糖、面粉、泡打粉、可可粉、盐和25克的蛋清、蛋黄和淡奶油混合，加入融化的黄油。将剩余蛋清和砂糖打至收紧。两者混合。在铺有硅胶烤垫的烤盘上，将面糊挤入18厘米直径的模具中，在烤箱中以175摄氏度烘烤8分钟，中途旋转烤盘。

## 组装

在巧克力甜酥面团底部，抹一层帕林内，摆放圆形饼底，接着覆盖一层焦糖，放入冰箱冷藏。

## 可可镜面

将镜面果胶和可可粉用蛋抽混合后加热，煮沸后，直接喷在蛋糕上，如下图所述。

## 装饰

使用电动打蛋器打发甘纳许。一只手拿一个小金属支架（三脚架），另一只手拿圣多诺104号裱花嘴。用打发的甘纳许制作形似"0"的玫瑰花心，接着在周围制作越来越大的半圆弧形。用喷枪在蛋糕上均匀地覆盖喷砂。

# 手指柠檬 CiTRON

# CAViAR

●柠檬甘纳许
详见第340页


●白色涂层
100克可可脂
100克白巧克力


●装饰
6～8个手指柠檬

●柠檬酒啫喱
300克柠檬酒
30克砂糖
5克琼脂粉
1克黄原胶
55克手指柠檬
170克糖渍柠檬
10克黄柠檬果肉
10克青柠檬果肉
10克葡萄柚果肉
10克橙子果肉

## 柠檬甘纳许

按照第340页的说明制作柠檬甘纳许。

## 柠檬酒啫喱

在深口平底锅中，将柠檬酒煮沸，加入提前混合好的砂糖和琼脂粉，当啫喱冷却后，倒入食物料理机中，充分松弛，接着加入黄原胶，保存一部分啫喱用于组装。将剩下的啫喱和手指柠檬、切得很细的糖渍柠檬、切成均匀小块的柑橘果肉一起混合。将啫喱装入5.5厘米直径半球形软模具中，放入冷柜冷冻3小时左右，接着轻轻脱模。

## 白色涂层

将可可脂融化，倒入切碎的巧克力中，混合后得到均匀的混合物。将冷冻的半球形软模具中的柠檬酒啫喱蘸入35摄氏度的喷砂溶液，让多余部分滴落。

## 装饰

将保留的啫喱倒在每个半球的顶部，形成一个小圆盘。用电动打蛋器打发甘纳许，使用装有8毫米圆口裱花嘴的裱花袋，在蘸了白色涂层的半球形上挤小的球状甘纳许。即从顶部向底部在啫喱周围制作大小相同的球形，每个中心部分装饰手指柠檬籽。享用前将蛋糕放入冰箱4小时。

# 香蕉
# BANANE

● 甜酥面团
详见第342页


● 扁桃仁奶酱
详见第336页


● 香草卡仕达酱
185克牛奶
30克淡奶油
1根香草荚
60克蛋黄
50克砂糖
15克吉士粉
20克黄油
40克马斯卡彭奶酪

● 香蕉啫喱
250克香蕉果茸
2.5克黄原胶


● 组装
4根香蕉
100克中性镜面果胶
1克香草颗粒

（香草籽）

## 甜酥面团

按照第342页的说明制作甜酥面团。

## 扁桃仁奶酱

按照第336页的说明制作扁桃仁奶酱。

## 香草卡仕达酱

按照第336页的说明制作香草卡仕达酱。

## 香蕉啫喱

将果茸和黄原胶混合。

## 组装

在甜酥面团中填入扁桃仁奶酱，在烤箱中以170摄氏度烘烤8分钟，冷却15分钟左右。在中心挤球状的卡仕达酱作为参照点，接着在挞的边缘挤球状的卡仕达酱并将它拉至中心参照点，香蕉啫喱也进行相同的操作。像这样形成相互交替的条纹直到填满挞底。香蕉去皮，将切成小块的半根香蕉均匀地摆放后用抹刀抹平。将剩余的香蕉切成薄片，呈花环状摆放在挞上。在深口平底锅中，将中性镜面果胶和香草籽煮沸，倒入喷枪中然后喷在挞上（或者用刷子将镜面果胶轻轻刷在挞上）。

COCO

PASSiON
椰子百香果

● 甜酥面团

详见第342页

● 椰子帕林内

85克扁桃仁
270克椰蓉
150克砂糖
2克海盐

● 百香果奶酱

140克百香果果茸
5克生姜
160克全蛋
15克蜂蜜
165克黄油
18克吉利丁冻
（2.5吉利丁粉和15.5克水调制而成）

● 椰子啫喱

100克椰子果茸
1克黄原胶

● 百香果啫喱

370克百香果果茸
20克砂糖
7克琼脂粉
3克黄原胶
3个百香果

● 蛋白霜

详见第341页

● 装饰

防潮糖粉（可选）
椰蓉

## 甜酥面团

按照第342页的说明制作甜酥面团。

## 椰子帕林内

按照第342页的说明制作椰子帕林内。

## 百香果奶酱

在深口平底锅中，将百香果果茸和生姜碎煮沸，煮沸后倒入提前混合好的全蛋和蜂蜜中，煮至105摄氏度，接着加入黄油和吉利丁冻。

## 椰子啫喱

将果茸和黄原胶混合。

## 百香果啫喱

在深口平底锅中，将百香果果茸煮沸，接着加入粉类，混合后放入冷藏。再次混合，将百香果切开后取出百香果籽和汁。将百香果籽与水轻轻混合去除黏性，沥干水分。随后将百香果汁和百香果籽加入混合好的啫喱中。

## 蛋白霜

按照第341页的说明制作蛋白霜。

## 组装

在甜酥挞皮底部，抹一层2毫米厚的椰子帕林内，放入冷柜冷冻约30分钟。加入一层2倍帕林内厚度的百香果啫喱。再次放入冷柜冷冻1小时左右，最后加入一层百香果奶酱用抹刀抹平。放入冷冻保存。

## 装饰

当奶酱冷冻好后，用装有14号圆口裱花嘴的裱花袋将蛋白霜挤成皇冠状的"碎球"。将裱花嘴先轻轻向上推，接着向下降，好像要中断动作，不再延伸。像这样一个接一个绕着蛋糕转一圈。再重复操作两到三次，形成直径越来越小的环形。当你开始新的一圈时，始终是和前面一圈交错的。表面轻轻撒一层椰蓉，再轻轻撒防潮糖粉。以165摄氏度烘烤15分钟。从烤箱取出，冷却。最后在蛋糕中心部分挤入椰子啫喱。

# MOKA
# 摩卡

● 咖啡达克瓦兹

80克蛋清

35克砂糖

70克扁桃仁粉

15克面粉

55克糖粉

12克咖啡粉

● 牛奶巧克力喷砂

详见第338页

● 咖啡脆层

详见第337页

● 咖啡奶酱

详见第336页

● 咖啡巴黎-布雷斯特奶油

140克牛奶

60克淡奶油

2克香草颗粒

（香草籽）

35克蛋黄

35克砂糖

10克吉士粉

10克面粉

60克黄油

12克可可脂

● 咖啡帕林内

150克扁桃仁

250克咖啡豆

25克水

75克砂糖

3克海盐

28克吉利丁冻

（4吉利丁粉和24克水调制而成）

12克马斯卡彭奶酪

110克咖啡酱

40克榛子帕林内

（详见第343页）

120克打发的淡奶油

## 咖啡达克瓦兹

制作法式蛋白霜：通过分3次加入砂糖打发蛋清。当提起时的状态是"鸟喙状"时表示蛋白霜已经制作好，加入过筛的粉类。将达克瓦兹挤入14厘米直径的圆模中。放入烤箱以170摄氏度烘烤约16分钟。

## 咖啡脆层

按照第337页的说明制作咖啡脆层。

## 咖啡奶酱

按照第336页的说明制作咖啡奶酱。

## 咖啡帕林内

将扁桃仁和咖啡豆在烤箱中以165摄氏度烘烤15分钟。在深口平底锅中，将水和砂糖加热至110摄氏度，接着加入扁桃仁和咖啡豆。通过不断搅拌，使其裹上糖浆翻炒至焦糖化。移至硅胶烤垫上，冷却，接着加入海盐，用破壁机研磨，获得酱状物。

## 牛奶巧克力喷砂

按照第338页的说明制作牛奶巧克力喷砂。

## 咖啡巴黎-布雷斯特奶油

在深口平底锅中，将牛奶、淡奶油和香草籽一起煮沸。同时，在盆中将蛋黄和砂糖、吉士粉、面粉打至发白。将煮沸的牛奶混合物冲入打白的蛋黄中，不断搅拌煮沸2分钟。加入黄油、可可脂、吉利丁冻、马斯卡彭奶酪、咖啡酱和帕林内。放入冰箱冷藏静置4小时左右。在厨师机中使用球桨，将混合物打至顺滑，接着加入打发的淡奶油。

## 内馅

在16厘米的模具中，抹一层脆层。将达克瓦兹圆饼放在上面，覆盖咖啡奶酱，注意总高度不要超过2厘米。放入冷冻3小时左右。

## 组装

使用电动打蛋器将咖啡巴黎–布雷斯特奶油打发。将奶油挤入帕沃尼（Pavoni）品牌的18厘米慕斯模具的整个表面，在中心部分多挤一些奶油，确保内馅完全在正中心，加入一层帕林内，放入冷冻的内馅，覆盖巴黎–布雷斯特奶油，用抹刀抹平。放入冰箱冷冻约3小时。

## 装饰

使用装有多齿花嘴的裱花袋，在中心用咖啡巴黎–布雷斯特奶油挤球状裱花，一圈接着一圈，直到完全覆盖蛋糕表面。放入冷冻2小时左右。用8厘米直径的切模将中心去掉。表面用喷枪均匀地覆盖牛奶巧克力喷砂，在中心倒入一层薄薄的咖啡帕林内。享用前放入冰箱冷藏4小时左右。

# GALETTE

## 国王饼

● 扁桃仁奶油馅卡仕达酱

140克牛奶

25克淡奶油

1根香草荚

45克全蛋

40克砂糖

12克吉士粉

15克黄油

30克马斯卡彭奶酪

● 国王饼内馅

60克黄油

60克砂糖

60克烤过的扁桃仁粉

10克土豆淀粉

60克全蛋

25克香草卡仕达酱

25克坚果酱

（扁桃仁-榛子）

● 布里欧修酥皮

125克牛奶

15克新鲜酵母

340克T65面粉

5克盐

20克砂糖

60克全蛋

30克膏状黄油

300克开酥黄油

● 组装

1个全蛋

黄油

砂糖

## 扁桃仁奶油馅卡仕达酱

在深口平底锅中，将牛奶和淡奶油煮沸，加入剖开的香草荚和香草籽。离火，盖上盖子浸泡10分钟左右，再次煮沸后过筛。同时，在盆中将全蛋、砂糖和吉士粉打至发白，将煮沸的液体冲入其中，持续煮沸2分钟，接着加入黄油和马斯卡彭奶酪。

## 国王饼内馅

在厨师机中使用搅拌桨，将黄油、砂糖、扁桃仁粉和土豆淀粉混合，慢慢加入全蛋，最后加入卡仕达酱和坚果酱。将混合物装入14厘米直径、2.5厘米高的模具中制作夹馅，放入冷柜冷冻。

## 布里欧修酥皮

在厨师机中使用搅面钩进行混合，使用1挡速度将除了黄油以外的食材进行混合，慢慢加入全蛋。转至2挡速度后继续混合至面团不粘盆壁。加入切成小块的膏状黄油，将面团揉至均匀。放置在室温环境（20~25摄氏度）发酵约1小时。用手掌用力按压面团进行排气，接着擀成长方形。在长方形面团中心放置一半大小的黄油。折叠边缘，将面团擀开，接着叠一个单折。放入冰箱30分钟左右。将面团切成10个0.5厘米宽的长条。将剩余的面团擀开切成两个20两厘米直径的圆。在其中一个圆饼上平铺10个长条。用油纸将它们覆盖，再用烘焙擀面杖将长条擀开。放入冰箱冷藏。

## 组装

将冷冻的国王饼内馅放在覆盖了条状物的布里欧修酥皮圆饼中心，用另一个圆饼盖住并去除中间的空气。将边缘用叉子封口。用18厘米的花形模具切割国王饼。在平整的一面刷上打好的鸡蛋。将它们放进抹了黄油的模具中，条状面团一面向下，朝向提前准备好的刷了黄油和砂糖的油纸。烤箱调至175摄氏度，烘烤35分钟。取出后将国王饼翻转过来，轻轻脱模。

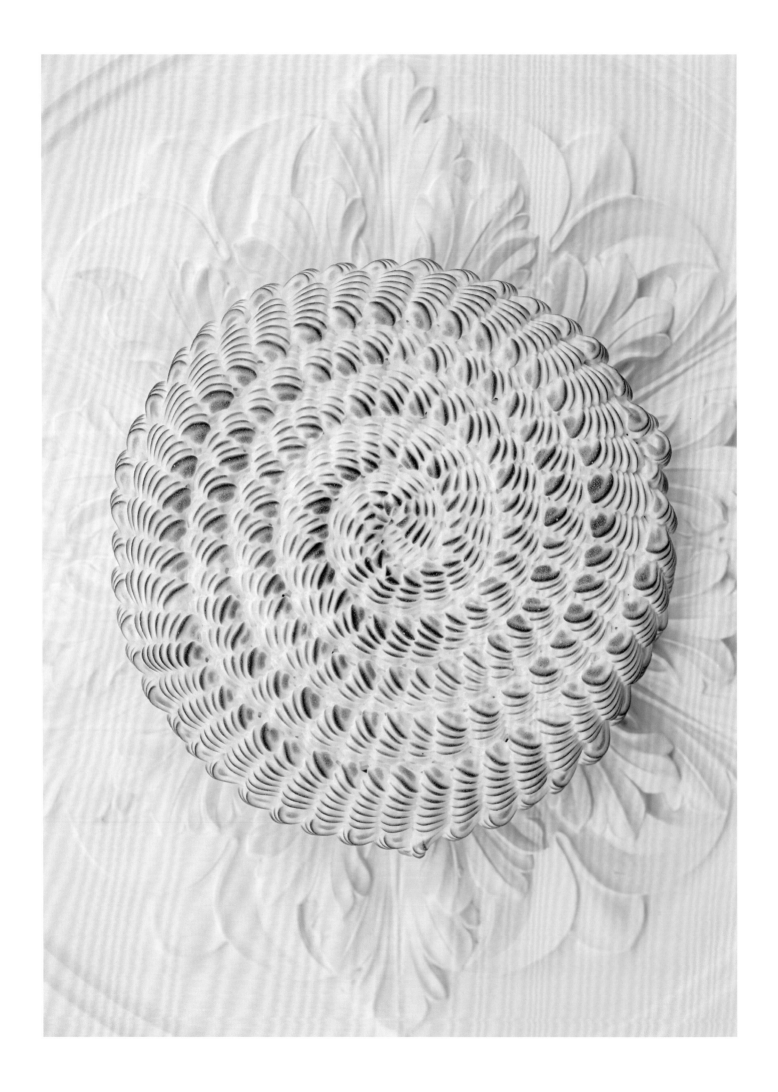

# NORVÉGiENNE

## 烘烤冰激凌

● 塔希堤香草冰激凌

550克牛奶

130克淡奶油

3根塔希堤香草

40克奶粉

40克葡萄糖粉

5克稳定剂

（冰激凌稳定剂）

70克蛋黄

140克砂糖

● 马达加斯加香草冰激凌

550克牛奶

130克淡奶油

3根马达加斯加香草

40克奶粉

40克葡萄糖粉

5克稳定剂

（冰激凌稳定剂）

70克蛋黄

140克砂糖

● 意式蛋白霜

70克水

300克砂糖

220克蛋清

● 乔孔达饼底

140克全蛋

105克糖粉

105克扁桃仁粉

30克T55面粉

20克黄油

90克蛋清

15克砂糖

40克朗姆酒

● 香草帕林内

150克扁桃仁

1根香草荚

100克砂糖

70克水

## 塔希堤香草冰激凌

在深口平底锅中，将牛奶、淡奶油、剖开的香草荚和香草籽加热至50摄氏度左右，加入奶粉、葡萄糖粉和稳定剂，煮沸。去掉香草荚，加入提前准备好的打至发白的蛋黄和砂糖，熬煮到热但不沸腾的状态。用冰激凌机制作冰激凌之前先融合成熟12小时。

## 马达加斯加香草冰激凌

在深口平底锅中，将牛奶、淡奶油和剖开的香草荚和香草籽加热至50摄氏度左右，加入奶粉、葡萄糖粉和稳定剂，煮沸。去掉香草荚，加入提前准备好的打至发白的蛋黄和砂糖，熬煮到热但不沸腾的状态。用冰激凌机制作冰激凌之前先融合成熟12小时。

## 意式蛋白霜

在深口平底锅中，将水和砂糖煮至121摄氏度。当糖浆煮至115摄氏度时开始打发蛋清，接着将煮好的糖水慢慢加入，制作意式蛋白霜。

## 乔孔达饼底

在厨师机中使用球桨进行搅拌。将全蛋、糖粉和扁桃仁粉打发。加入面粉和融化的黄油。蛋清加入砂糖打发，将两者混合。将混合物倒在铺了硅胶烤垫的烤盘上抹平，放入烤箱以180摄氏度烘烤10分钟，冷却。用切模切成16厘米直径的圆形，用刷子在蛋糕坯上浸润朗姆酒。

## 香草帕林内

将扁桃仁和香草荚放入烤箱，以165摄氏度烘烤15分钟。在深口平底锅中，将砂糖和水煮至110摄氏度，加入扁桃仁和香草荚，混合，使其裹上糖浆，翻炒至焦糖化。冷却后将其研磨。

## 组装

将16厘米的模具放在招待用的盘子中，铺一层塔希堤香草冰激凌，接着是一层乔孔达饼底，再铺一层马达加斯加香草冰激凌，随后覆盖香草帕林内，放入冰箱冷冻1小时。

## 装饰

　　轻轻将模具取下。使用装有大的多齿裱花嘴的裱花袋，将意式蛋白霜挤成蜗牛状，从中心开始覆盖整个蛋糕。将蛋白霜用热喷枪轻轻烧过后立即享用。

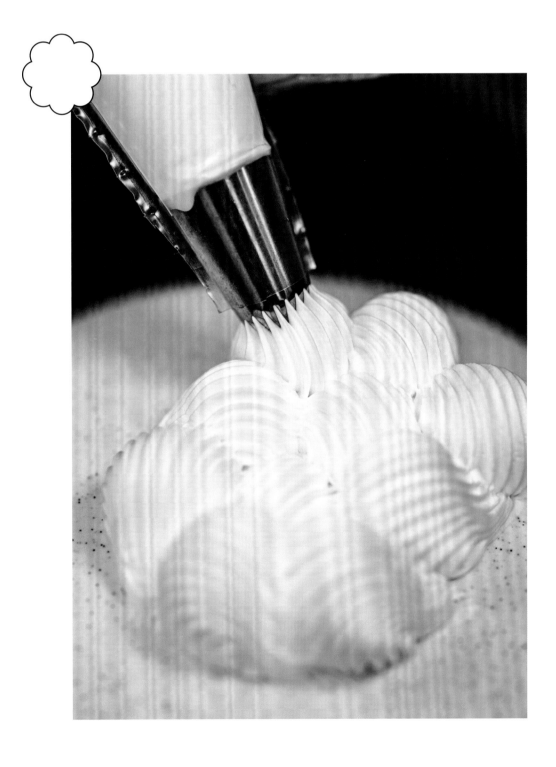

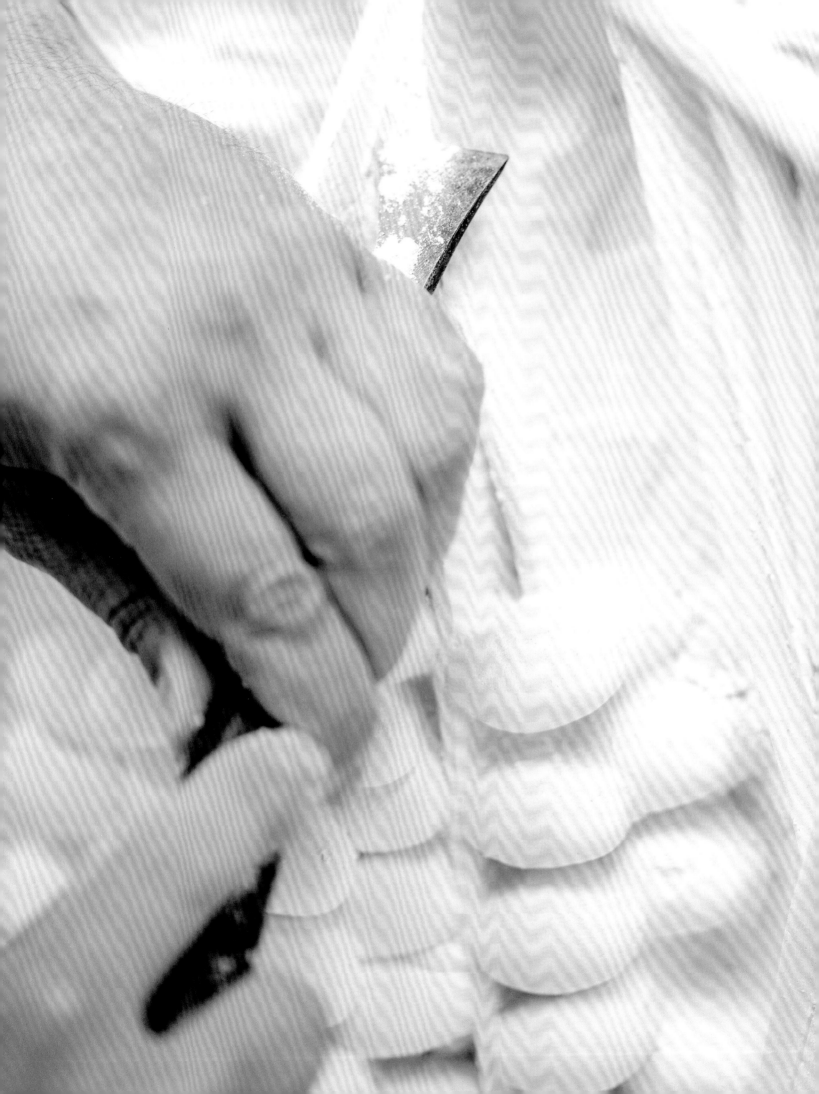

# COOKIES
## 曲奇

**花生口味**

**● 饼干面团**

160克黄油

200克粗黄糖

40克帕内拉红糖

（或砂糖）

40克砂糖

8克海盐

20克纯花生酱

3克苏打粉

320克T55面粉

75克全蛋

100克花生碎

**● 花生帕林内**

380克花生

115克砂糖

8克海盐

**● 软心焦糖**

详见第335页

**● 焦糖花生**

400克花生

120克砂糖

50克水

2克酒石酸

**巧克力–香草口味**

**● 饼干面团**

100克黄油

100克粗黄糖

250克砂糖

125克帕内拉红糖

（或砂糖）

11克香草膏

50克全蛋

5克海盐

2克苏打粉

200克T55面粉

170克黑巧克力碎

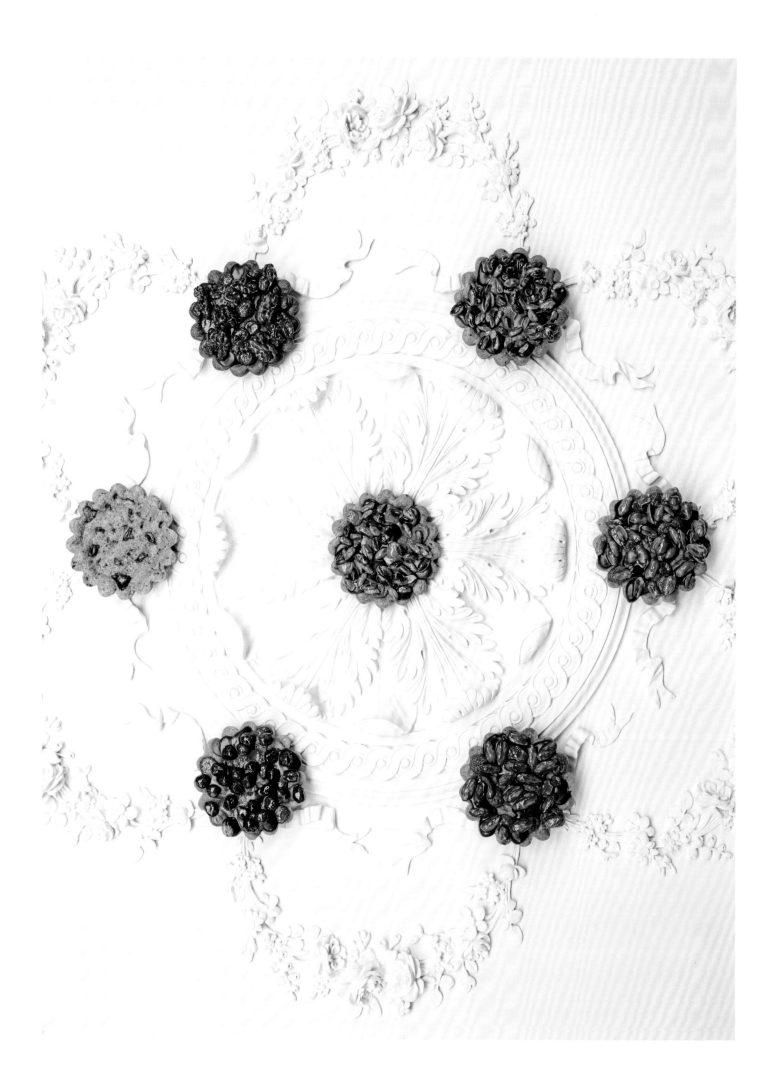

花生口味

## 饼干面团

在厨师机中使用搅拌桨，将黄油、砂糖、海盐、花生酱和苏打粉混合，接着加入面粉和全蛋，最后加入花生碎。

## 花生帕林内

将花生放入烤箱以165摄氏度烘烤15分钟。使用砂糖制作干焦糖，冷却后研磨。接着研磨花生。在厨师机中使用搅拌桨，将所有食材混合。

## 软心焦糖

按照第335页的说明制作软心焦糖。

## 焦糖花生

将花生放入烤箱以170摄氏度烘烤15分钟，用砂糖、水和酒石酸制作焦糖直到颜色变成琥珀色。加入花生，混合几分钟至焦糖化。然后移至铺有硅胶烤垫的烤盘上，将花生彼此分开，防止它们相互粘连。

## 组装

将饼干面团放入烤箱以165摄氏度烘烤7分钟左右。从烤箱取出，在饼干上挤3点帕林内和3点软心焦糖，最后撒上焦糖花生。

尝试不同口味，你可以将（在酱中、帕林内中、焦糖坚果中的）花生替换成碧根果、开心果、榛子或者扁桃仁。

巧克力-香草口味

## 饼干面团

在厨师机中使用搅拌桨，将黄油、砂糖和香草膏混合，加入提前混合好的全蛋、盐、苏打粉和面粉，最后加入黑巧克力碎。分成100克左右的球形面团，放在铺有硅胶烤垫（或烘焙油纸）的烤盘上，入烤箱以165摄氏度烘烤7分钟。

# MARBRÉ

## 大理石纹

● 巧克力甘纳许

340克淡奶油

270克阿兰·杜卡斯黑巧克力

100克蜂蜜

100克黄油


● 可可喷砂

100克可可脂

100克黑巧克力

● 巧克力磅蛋糕

130克全蛋

40克转化糖

65克砂糖

40克扁桃仁粉

65克面粉

4克泡打粉

13克可可粉

40克淡奶油

40克葡萄籽油

25克可可含量70%黑巧克力

● 香草磅蛋糕

130克全蛋

40克转化糖

65克砂糖

40克扁桃仁粉

75克面粉

5克泡打粉

65克淡奶油

1根香草荚

15克香草颗粒

（或香草籽）

40克葡萄籽油

25克白巧克力

## 巧克力甘纳许

前一天，在深口平底锅中，将一半的淡奶油煮沸，将热的淡奶油倒入巧克力碎、蜂蜜和黄油中。混合得到均匀的甘纳许，再加入剩余的淡奶油。过筛后放入冰箱冷藏静置12小时。

## 巧克力磅蛋糕

在厨师机中使用搅拌桨，将全蛋、转化糖、砂糖和扁桃仁粉混合，加入提前混合过筛的面粉、泡打粉和可可粉，然后加入室温的淡奶油。取一半的面糊加入葡萄籽油和融化的巧克力，再加入剩余面糊。

## 香草磅蛋糕

在厨师机中使用搅拌桨，将全蛋、转化糖、砂糖和扁桃仁粉混合，加入提前混合过筛的面粉、泡打粉，然后加入室温的淡奶油和剖开的香草籽、香草荚和香草颗粒。充分混合后去掉香草荚。取一半的面糊加入葡萄籽油和融化的白巧克力，再加入剩余面糊。

## 大理石纹磅蛋糕组装

在14厘米直径的模具中，倒入香草面糊，接着倒入巧克力面糊，用叉子将蛋糕混合成大理石纹状，放入烤箱，以180摄氏度烘烤20分钟，接着转160摄氏度烘烤25分钟，冷却。

## 可可喷砂

将可可脂融化后倒入切碎的巧克力中。

# 装饰

使用电动打蛋器将甘纳许打发。

第一阶段

使用装有14号扁平裱花嘴的裱花袋，用甘纳许在蛋糕边缘装饰条状的奶油。从上向下进行裱花。制作出有折痕的规律形态。手腕轻轻向后抬动，在蛋糕顶部完成圆环状裱花。

第二阶段

制作蛋糕中心的玫瑰花，用打发甘纳许制作形似"0"的中心部分，接着围绕着四周制作越来越大的半圆弧形。用喷枪均匀地覆盖可可喷砂。

# BiSCUiT

# De

# SAVOie

萨瓦蛋糕

●蛋糕面糊

240克蛋清

200克砂糖

80克蛋黄

230克面粉

黄油（模具用）

面粉（模具用）

　　将蛋清加入砂糖打发收紧。使用橡皮刮刀，加入蛋黄，接着加入面粉。给花形模具涂不粘层：用刷子连续两次刷融化的黄油，撒面粉，然后轻敲去除多余的面粉。每个模具中倒入125克面糊，放入烤箱，以160摄氏度烘烤12分钟。

**290**

# CHEESE - 芝士蛋糕
# CAKE

● 奶油酥饼

165克黄油

6克盐

75克粗黄糖

220克面粉

2克泡打粉

40克土豆淀粉

● 白色喷砂

详见第338页

● 新鲜奶酪慕斯

200克淡奶油

85克蛋黄

40克砂糖

17克吉利丁冻

（2.5克吉利丁粉和14.5克水调制而成）

330克马斯卡彭奶酪

150克新鲜奶酪

（Philadelphia等品牌）

● 草莓果酱

475克熟草莓

70克草莓汁

145克砂糖

50克葡萄糖粉

10克NH果胶粉

3克酒石酸

## 奶油酥饼

在厨师机中使用搅拌桨，将所有食材混合成面团状。将它铺在放有硅胶烤垫的烤盘上擀成1厘米厚，放入烤箱，以150摄氏度烘烤20分钟左右。从烤箱取出后，用切模切成16厘米直径的圆。

## 新鲜奶酪慕斯

在深口平底锅中，将淡奶油煮沸。蛋黄和砂糖混合，将一小部分煮沸的淡奶油倒入蛋黄混合物中，接着重新倒回锅中制作英式蛋奶酱，煮2分钟后，加入吉利丁冻混合。过筛，接着加入马斯卡彭奶酪和新鲜奶酪。放入冰箱冷藏6小时。

## 草莓果酱

慢慢加入草莓汁，将草莓炖煮30分钟，加入剩余的食材，混合煮沸1分钟，放入冰箱冷藏。

## 白色喷砂

按照第338页的说明制作白色喷砂。

## 组装

使用电动打蛋器打发新鲜奶酪慕斯。在16厘米大小的模具中，底部倒入一层薄薄的慕斯，加入一层草莓果酱，内馅高度不要超过2厘米。放入冷冻，此为内馅。将新鲜奶酪慕斯挤入帕沃尼（Pavoni）品牌的18厘米慕斯模具整个表面，在中心部分多挤一些甘纳许，确保内馅完全在正中心，放入内馅，接着覆盖慕斯，用抹刀抹平。放入冷冻凝固约6小时，轻轻地给蛋糕脱模。

## 装饰

使用装有圣多诺104号裱花嘴的裱花袋，用新鲜奶酪慕斯制作向上的小花瓣。从中心向边缘挤花，每一个花瓣从上一个花瓣的中心部分开始实现交错状态。逐渐地，花瓣越来越开放，最终形成一朵花的视觉效果。用喷枪均匀地覆盖白色喷砂。

# CARAMEL

## 焦糖

● 扁桃仁脆层

500克带皮扁桃仁

40克水

130克砂糖

50克可可脂

100克薄脆片

2克海盐

● 软心焦糖

配方的双倍量，详见第335页

● 焦糖淋面

115克牛奶

235克淡奶油

75克葡萄糖浆

1根香草荚

295克砂糖

20克土豆淀粉

56克吉利丁冻

（8克吉利丁粉和48克水调制而成）

● 手指饼干底

85克蛋黄

120克砂糖

175克蛋清

120克面粉

砂糖

糖粉

● 香草-焦糖甘纳许

225克淡奶油

85克蛋黄

40克砂糖

17克吉利丁冻

（2.5克吉利丁粉和14.5克水调制而成）

330克马斯卡彭奶酪

25克砂糖

5克香草颗粒

（或香草籽）

● 牛奶巧克力喷砂

详见第338页

● 焦糖香缇奶油

150克砂糖

750克淡奶油

## 扁桃仁脆层

将扁桃仁放入烤箱以100摄氏度烘烤1小时，烘干。在深口平底锅中，将水和砂糖煮至110摄氏度，加入烘干的扁桃仁翻炒。冷却后，将扁桃仁和融化的可可脂、薄脆片及海盐混合。

## 软心焦糖

按照第335页的说明制作软心焦糖。

## 焦糖淋面

将牛奶、淡奶油、葡萄糖浆和剖开的香草荚、香草籽一起煮沸。使用225克的砂糖制作干焦糖，用热的淡奶油稀释。加入提前混合好的剩余砂糖和土豆淀粉，煮沸约2分钟，过筛，加入吉利丁冻后混合。

## 第一级组装

将脆层在18厘米直径的模具中抹平，加入一层软心焦糖。接着，在烤网上，给它们淋上焦糖淋面，放入冰箱冷藏。

## 手指饼干底

在厨师机中使用球桨搅拌，将蛋黄和一半的砂糖打发，接着将蛋清和剩余的砂糖打发收紧。将两者混合，随后加入过筛的粉类。将面糊抹在14厘米直径的模具中，高度约1厘米。表面轻轻撒上砂糖和糖粉，放入烤箱，以200摄氏度烘烤5~6分钟。

## 香草-焦糖甘纳许

将200克的淡奶油煮沸，蛋黄和砂糖混合均匀。将一小部分煮沸的淡奶油倒入蛋黄混合物中，接着重新倒入深口平底锅中制作英式蛋奶酱。煮2分钟后，加入吉利丁冻、马斯卡彭奶酪和100克淡奶油。过筛。同时用砂糖制作干焦糖，将剩余的淡奶油和香草煮沸，用热的淡奶油稀释焦糖，煮1~2分钟，将其加入前面的混合物中，混合均匀。放入冰箱冷藏静置12小时左右。

## 牛奶巧克力喷砂

按照第338页的说明制作牛奶巧克力喷砂。

## 焦糖香缇奶油

用砂糖制作干焦糖。将150克淡奶油煮沸，当焦糖升温至185摄氏度时，用热的淡奶油稀释，混匀后再慢慢加入冷的淡奶油。放入冰箱冷藏保存4小时左右。

## 第二级组装

将手指饼干底脱模。使用电动打蛋器打发甘纳许，在14厘米直径的模具中抹一层薄薄的甘纳许，将饼底放在上面后再覆盖一层薄薄的甘纳许。甘纳许的量必须与饼底的量相等且总高度不能超过2厘米。放入冷柜冷冻3小时左右。用装有20号圣多诺裱花嘴的裱花袋，从外向内制作弧形的奶油，再次放回冷柜冷冻。

## 内馅

在7厘米直径的半球形模具中，将剩余的软心焦糖灌入其中。放入冷柜冷冻约2小时。将两个半球合成一个球状。在9厘米直径的模具中，将甘纳许挤入底部，放入内馅后再挤一些甘纳许覆盖模具，使表面平整，放入冷柜冷冻约6小时。

## 第三级组装

使用装有10毫米圆口裱花嘴的裱花袋，用打发的甘纳许在冷冻内馅周围挤"球"，在中心挤入焦糖淋面。

## 最终组装

将第二级组装的蛋糕用喷枪均匀地覆盖牛奶巧克力喷砂。将这一层放在第一层上面。最后将第三层放在最上面。放入冰箱冷藏4小时。

# MONT—BLANC 蒙布朗

●香草甘纳许

625克淡奶油

1根香草荚

140克调温象牙白巧克力

35克吉利丁冻

（5克吉利丁粉和30克水调制而成）

●栗子饼底

120克黄油

140克栗子酱

160克蛋黄

180克砂糖

240克蛋清

15克面粉

15克土豆淀粉

糖渍栗子碎

●栗子混合物

240克含糖炼乳

600克栗子奶油

600克栗子酱

120克水

●蛋白霜

100克蛋清

100克砂糖

100克糖粉

## 香草甘纳许

按照第340页的说明制作香草甘纳许。

## 栗子混合物

将含糖炼乳放入烤箱，以90摄氏度烘烤4小时，使其焦糖化。将所有食材混匀，放入冰箱冷藏约12小时。

## 蛋白霜

通过分3次加入砂糖打发蛋清。当提起时的状态是"鸟喙状"时表示蛋白霜已经制作好。加入糖粉。在铺有硅胶烤垫的烤盘上，将蛋白霜以"蜗牛状"挤入18厘米直径的圆模中。放入烤箱，以90摄氏度烘烤1小时~1小时30分钟。

## 栗子饼底

用厨师机的搅拌桨进行混合，将黄油和栗子酱打发。将蛋黄和60克砂糖打至发白。将蛋清和剩余砂糖打发收紧。将三种混合物拌匀，加入提前过筛的面粉和土豆淀粉。在铺有硅胶烤垫的烤盘上，抹一层薄薄的面糊，撒上糖渍栗子碎。放入烤箱，以175摄氏度烘烤13分钟。

## 组装

使用电动打蛋器打发甘纳许。将甘纳许挤入帕沃尼（Pavoni）品牌的18厘米慕斯模具的整个表面，在中心部分多挤一些甘纳许，确保内馅完全在正中心。放入18厘米直径的栗子饼底，挤入一层薄薄的甘纳许，接着放一层栗子混合物，最后放入圆饼状蛋白霜，覆盖甘纳许后用抹刀抹平。放入冷柜冷冻4小时左右。

## 装饰

　　使用装有236号细面条裱花嘴的裱花袋，从底部慢慢向上移动，将栗子混合物挤成细面条状的大弧形，每个圆弧都是从前一次的一半处开始。享用前放入冰箱4小时。

# CHOU 泡芙

● 泡芙面团
100克水
100克牛奶
4克盐
8克细砂糖
90克黄油
110克T65面粉
180克全蛋
珍珠糖

● 香草香缇奶油
详见第335页

## 泡芙面团

在深口平底锅中将水、牛奶、盐、细砂糖和黄油煮沸，持续沸腾1～2分钟。加入面粉，小火煮至面团不粘锅壁。将面团倒入厨师机中，使用搅拌桨搅拌。混合的目的是去除面团中的水汽。接着分3次加入全蛋。放入冷藏约2小时。在铺有透气烤垫的烤盘上，挤出条状的泡芙，通过慢慢减少手部施加的压力，使泡芙最后形成泪滴状。撒上珍珠糖，放入平炉，以175摄氏度烘烤30分钟（或者使用传统烤箱：如果是这样，将泡芙放入提前预热好的260摄氏度烤箱，关闭烤箱15分钟，接着重新开启烤箱，以160摄氏度继续烘烤10分钟）。

## 香草香缇奶油

按照第335页的说明制作香草香缇奶油。

## 组装

使用电动打蛋器打发香缇奶油。纵向将泪滴状泡芙切成两半，用装有多齿裱花嘴的裱花袋，在底部用香缇奶油制作旋涡状的裱花，接着覆盖另一半的泡芙面团。

# OPÉRA 歌剧院

● 咖啡甘纳许

详见第338页

● 咖啡饼底

120克黄油

140克咖啡酱

240克蛋清

180克砂糖

160克蛋黄

15克面粉

15克土豆淀粉

● 里斯特雷托啫喱

500克里斯特雷托[注]（ristretto）

25克砂糖

7克琼脂粉

● 咖啡脆层

详见第337页

● 咖啡奶酱

详见第336页

● 蛋糕的组装

可可粉

50克黑巧克力

1小撮竹炭粉

● 歌剧院淋面

375克淋面酱

125克黑巧克力

65克葡萄籽油

注：里斯特雷托是一种瞬时萃取浓缩咖啡

## 咖啡甘纳许

按照第338页的说明制作咖啡甘纳许。

## 咖啡饼底

将融化的黄油和咖啡酱混合。将蛋清和120克砂糖打发收紧，将蛋黄和剩余的砂糖打发。将打发的蛋清和蛋黄混合，加入黄油-咖啡酱混合物、面粉和土豆淀粉。将面糊抹在铺有硅胶烤垫的烤盘上，烤箱以210摄氏度烘烤4分钟，接着用切模切成18厘米直径的花形。

## 里斯特雷托啫喱

在深口平底锅中，将里斯特雷托煮沸，加入砂糖和琼脂粉的混合物，混合后放入冰箱冷藏。当啫喱凝固后，再次混合。

## 咖啡脆层

按照第337页的说明制作咖啡脆层。

## 咖啡奶酱

按照第336页的说明制作咖啡奶酱。

## 歌剧院淋面

在深口平底锅中，将淋面酱和巧克力加热至40摄氏度融化，接着加入葡萄籽油。

## 蛋糕的组装

使用电动打蛋器打发甘纳许，在18厘米直径的花形模具中，抹一层薄薄的脆层，接着放一层花形饼底，加入一层奶酱，铺上里斯特雷托啫喱，最后覆盖一层甘纳许。在烤网上，用融化的歌剧院淋面给蛋糕淋面。表面覆盖可可粉。融化黑巧克力，加入竹炭粉，借助圆锥形纸袋或者1号圆口裱花嘴，在中心勾勒出"Opéra"字样。

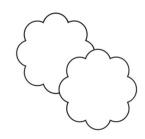

 圣诞

● 海盐巧克力沙布雷
详见第343页

● 巧克力饼底
100克扁桃仁粉
90克粗黄糖
40克T55面粉
4克泡打粉
10克可可粉
5克盐
135克蛋清
40克蛋黄
25克淡奶油
40克黄油
20克砂糖

● 樱桃内馅
500克樱桃果茸
6克黄原胶
750克糖渍樱桃
125克泡在樱桃糖浆中的樱桃

● 樱桃酒–香草甘纳许
625克淡奶油
1根香草荚
140克调温象牙白巧克力
35克吉利丁冻
（5克吉利丁粉和30克水调制而成）
125克樱桃酒

● 香草奶酱
详见第336页

● 红宝石喷砂
详见第338页

● 白色喷砂
详见第338页

## 海盐巧克力沙布雷

按照第343页的说明制作海盐巧克力沙布雷，冷却后，需使用切模切成13厘米直径的圆形。

## 巧克力饼底

将粉类和25克蛋清、蛋黄和淡奶油混合，加入融化的黄油。将剩余的蛋清加入20克砂糖打发收紧。将两者混合。在铺有硅胶烤垫的烤盘上，将面糊挤入10厘米直径的模具中，放入烤箱，以175摄氏度烘烤8分钟，中途旋转烤盘。

## 樱桃内馅

将樱桃果茸和黄原胶混合后，加入两种樱桃。

## 樱桃酒-香草甘纳许

前一天，在深口平底锅中，将一半的淡奶油加热，加入剖开的香草荚和香草籽。离火，盖上盖子，浸泡10分钟左右。再次加热后过筛，倒入切碎的巧克力和吉利丁冻中，再加入樱桃酒和剩余奶油，得到均匀的甘纳许。放入冰箱冷藏12小时左右。

## 香草奶酱

按照第336页的说明制作香草奶酱。

## 红宝石&白色喷砂

按照第338页的说明制作红宝石喷砂，接着制作白色喷砂。

## 无边软帽的组装

使用电动打蛋器打发甘纳许，在14厘米直径的半球形软模具整个表面挤入甘纳许，倒入一层樱桃内馅，接着放入一层饼底，加入一层薄薄的甘纳许后得到光滑的表面。再放一层沙布雷，加入甘纳许后用抹刀抹平。放入冷柜冷冻4小时左右。

# 装饰

第一阶段

　　制作无边软帽部分。轻轻将半球形脱模，使用20号圣多诺裱花嘴，从中心开始向下用甘纳许挤长条状裱花，在软帽表面用喷枪均匀地覆盖红宝石喷砂。

第二阶段

　　制作绒球部分。在球形的冷冻香草奶酱上，使用20号圣多诺裱花嘴用甘纳许制作小的"火焰"状裱花。在绒球表面用喷枪均匀地覆盖白色喷砂，放在底部的无边软帽上。放入冰箱冷藏4小时左右。

# CHOCOLAT AU LAiT 牛奶巧克力

● 牛奶巧克力甘纳许

625克淡奶油

1根香草荚

140克牛奶巧克力

35克吉利丁冻

（5克吉利丁粉和30克水调制而成）


● 牛奶巧克力焦糖

50克砂糖

80克葡萄糖浆

130克牛奶

135克淡奶油

2克海盐

40克黄油

50克阿兰·杜卡斯牛奶巧克力

● 香草奶酱

详见第336页


● 牛奶巧克力喷砂

详见第338页

● 香草-巧克力脆层

2根香草荚

200克扁桃仁

70克砂糖

200克薄脆片

20克葡萄籽油

100克牛奶巧克力

## 牛奶巧克力甘纳许

前一天，将一半的淡奶油加热，加入剖开的香草荚和香草籽，离火，盖上盖子，浸泡10分钟左右，再次煮热后过筛，倒入切碎的巧克力、吉利丁冻和剩余的淡奶油中。混合得到均匀的甘纳许。放入冰箱冷藏12小时。

## 香草奶酱

按照第336页的说明制作香草奶酱。

## 香草-巧克力脆层

将香草荚和扁桃仁放入烤箱，以165摄氏度烘烤15分钟，用砂糖制作干焦糖，得到30克的焦糖。将热的焦糖倒入香草荚中，冷却至焦糖凝固。分别混合薄脆片、焦糖和香草，最后是扁桃仁，混合过程中慢慢加入葡萄籽油。在厨师机中使用搅拌桨，一点点加入融化的牛奶巧克力，将所有食材混合。将脆层抹在20厘米的方框中，放入冷柜冷冻约30分钟。

## 牛奶巧克力焦糖

在深口平底锅中，将砂糖和55克的葡萄糖浆加热至185摄氏度，直到煮至琥珀色。在另一个深口平底锅中，将50克的牛奶、淡奶油、剩余的葡萄糖浆和海盐加热。用热的牛奶混合物稀释焦糖，煮至105摄氏度，过筛。当焦糖降温至70摄氏度时，加入黄油、切碎的巧克力和剩余的牛奶。混合，再次过筛。

## 牛奶巧克力喷砂

按照第338页的说明制作牛奶巧克力喷砂。

## 组装蛋糕

用电动打蛋器将甘纳许打发。在20厘米装饰了蔓藤花纹的方形模具（包括边缘的）整个表面挤一层甘纳许。抹一层香草奶酱，接着一层焦糖，加入方形的脆层后覆盖甘纳许。用抹刀抹平，放入冷柜冷冻3小时左右。轻轻脱模后用喷枪均匀地覆盖牛奶巧克力喷砂。放入冰箱冷藏4小时。

# ORANGE
# 血橙 SANGUINE

**● 马鞭草胡椒甘纳许**

530克淡奶油

120克牛奶

3克马鞭草胡椒

145克白巧克力

25克吉利丁冻

（3.5克吉利丁粉和21.5克水调制而成）

**● 柠檬啫喱**

100克柠檬汁

10克砂糖

2克琼脂粉

**● 乔孔达饼底**

详见第335页

**● 血橙果酱**

150克橙汁

15克砂糖

2.5克琼脂粉

1克黄原胶

75克糖渍血橙

25克血橙皮屑

75克血橙果肉

1克马鞭草胡椒粉

1克马鞭草胡椒颗粒

**● 血橙啫喱**

100克血橙汁

10克砂糖

2克琼脂粉

**● 红宝石喷砂**

详见第338页

## 马鞭草胡椒甘纳许

前一天，在深口平底锅中，将一半的淡奶油、牛奶和马鞭草胡椒一起加热，倒入切碎的巧克力和吉利丁冻中，混合得到均匀的甘纳许后加入剩余的淡奶油，过筛。放入冰箱冷藏12个小时左右。

## 乔孔达饼底

按照第335页的说明制作乔孔达饼底，冷却后切成16厘米直径的圆。

## 柠檬啫喱

深口平底锅中，将柠檬汁煮沸，加入提前混合好的砂糖和琼脂粉，混合后放入冰箱冷藏凝固2小时左右。使用时再次混合即可。

## 血橙啫喱

在深口平底锅中，将血橙汁煮沸，接着加入提前混合好的砂糖和琼脂粉，混合后放入冰箱冷藏凝固2小时左右。再次混合后使用。

## 血橙果酱

在深口平底锅中，将橙汁煮沸，加入提前混合好的砂糖和琼脂粉。冷却后，倒入食物料理机中混合，让啫喱充分松弛后加入黄原胶。加入三种切成小块的血橙和马鞭草胡椒粉及颗粒。

## 内馅

在直径16厘米、高3厘米的模具中，放入圆形的乔孔达饼底，挤入一层果酱，点缀一些柠檬啫喱和血橙啫喱。放入冷柜冷冻约3小时。

## 红宝石喷砂

按照第338页的说明制作红宝石喷砂。

## 花朵的组装

使用电动打蛋器打发甘纳许，将甘纳许挤入帕沃尼（Pavoni）品牌的20厘米直径玫瑰形慕斯模具的底部和侧面，在中心部分多挤一些甘纳许，确保内馅完全在正中心。将内馅放入中心。覆盖甘纳许，用抹刀抹平。放入冷柜冷冻凝固6小时左右，轻轻地脱模。接着用喷枪均匀地覆盖喷砂。

# TRUFFE

## 松露

● 巧克力甘纳许

550克淡奶油

50克可可含量66%的黑巧克力

21克吉利丁冻

（3克吉利丁粉和18克水调制而成）

● 巧克力甜酥面团

详见第342页

● 可可碎帕林内脆层

100克榛子

30克砂糖

40克可可碎

40克葡萄籽油

2克海盐

50克薄脆片

● 松露奶油

200克淡奶油

5克黑松露碎

1小撮海盐

4克黄原胶

5克松露油

● 组装

松露碎

可可碎

1颗黑松露

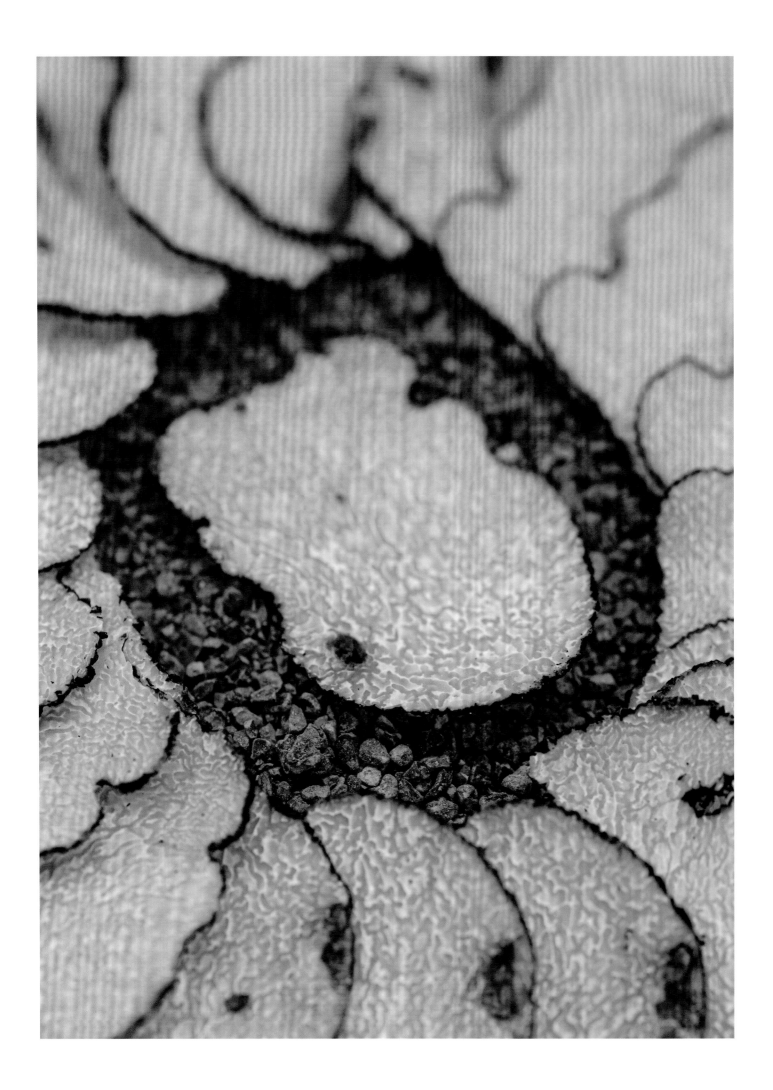

## 巧克力甘纳许

前一天，在深口平底锅中，将一半的淡奶油加热，倒入切碎的巧克力和吉利丁冻中，混合得到均匀的甘纳许，慢慢加入剩余的淡奶油，过筛。放入冰箱冷藏静置12小时左右。

## 巧克力甜酥面团

按照第342页的说明制作巧克力甜酥面团。

## 可可碎帕林内脆层

将榛子放入烤箱，以165摄氏度烘烤15分钟，用砂糖制作干焦糖，冷却后研磨。将榛子、可可碎和葡萄籽油研磨。在厨师机中使用搅拌桨混合所有食材，最后加入薄脆片。

## 松露奶油

在深口平底锅中，将淡奶油、松露碎和盐煮沸。煮沸后混合，过筛，冷却。加入黄原胶和松露油，再次混合。

## 组装

在挞的底部，挤入一层可可碎帕林内脆层。加入一层微微打发的甘纳许，撒松露碎，接着覆盖一层薄薄的松露奶油。接着用可可碎完全覆盖，用松露切皮器（或者切片器）将松露切成薄片，像花环一样摆放在蛋糕上。

# 开花的树

## 通用的基础部分

● 白巧克力甘纳许

1千克淡奶油

2.25千克白巧克力

## 脆层部分

### 蜂蜜-扁桃仁口味
● 蜂蜜-扁桃仁帕林内

详见第342页

● 蜂蜜-扁桃仁脆层

1千克蜂蜜-扁桃仁帕林内

50克花粉

300克薄脆片

75克可可脂

### 碧根果口味
● 碧根果帕林内

详见第343页

● 碧根果脆层

详见第337页

### 开心果口味
● 开心果帕林内

详见第343页

● 开心果脆层

详见第337页

### 提木胡椒-扁桃仁口味
● 提木胡椒-扁桃仁脆层

详见第337页

### 椰子口味
● 椰子帕林内

详见第342页

● 椰子脆层

详见第337页

### 香草口味
● 香草脆层

详见第337页

### 榛子口味
● 榛子脆层

详见第337页

为了制作开花的树，我们的想法是根据所希望的味道制作球形的脆层，根据书中提供的裱花方法，用白巧克力甘纳许挤不同形态的裱花。你可以根据你的想法在花上喷砂（可以在第338页找到不同喷砂的基础配方），尽情发挥你的创造力。关于组装，所有的花必须充分冷冻，它们被固定在一个白巧克力的树干上。

通用的基础部分

# 白巧克力甘纳许

将淡奶油煮沸，倒入切碎的巧克力中。

脆层部分

# 蜂蜜-扁桃仁口味

按照第342页的说明制作蜂蜜-扁桃仁帕林内。

制作蜂蜜-扁桃仁脆层：将可可脂融化，加入剩余食材混合即可。

# 碧根果口味

按照第343页的说明制作碧根果帕林内，接着按照第337页的说明制作碧根果脆层。

# 开心果口味

按照第343页的说明制作开心果帕林内，接着按照第337页的说明制作开心果脆层。

# 提木胡椒-扁桃仁口味

按照第337页的说明制作提木胡椒-扁桃仁脆层。

# 椰子口味

按照第342页的说明制作椰子帕林内，接着按照第337页的说明制作椰子脆层。

# 香草口味

按照第337页的说明制作香草脆层。

# 榛子口味

按照第337页的说明制作榛子脆层。

组装脆层球

将每个口味的脆层挤入直径分别为2厘米、3厘米、4厘米的球形软模具中，放入冷柜冷冻2小时左右，轻轻地脱模。接着使用装有圣多诺104号或圆形普通裱花嘴的裱花袋进行裱花。在一些花上喷砂制造出良好的视觉效果。

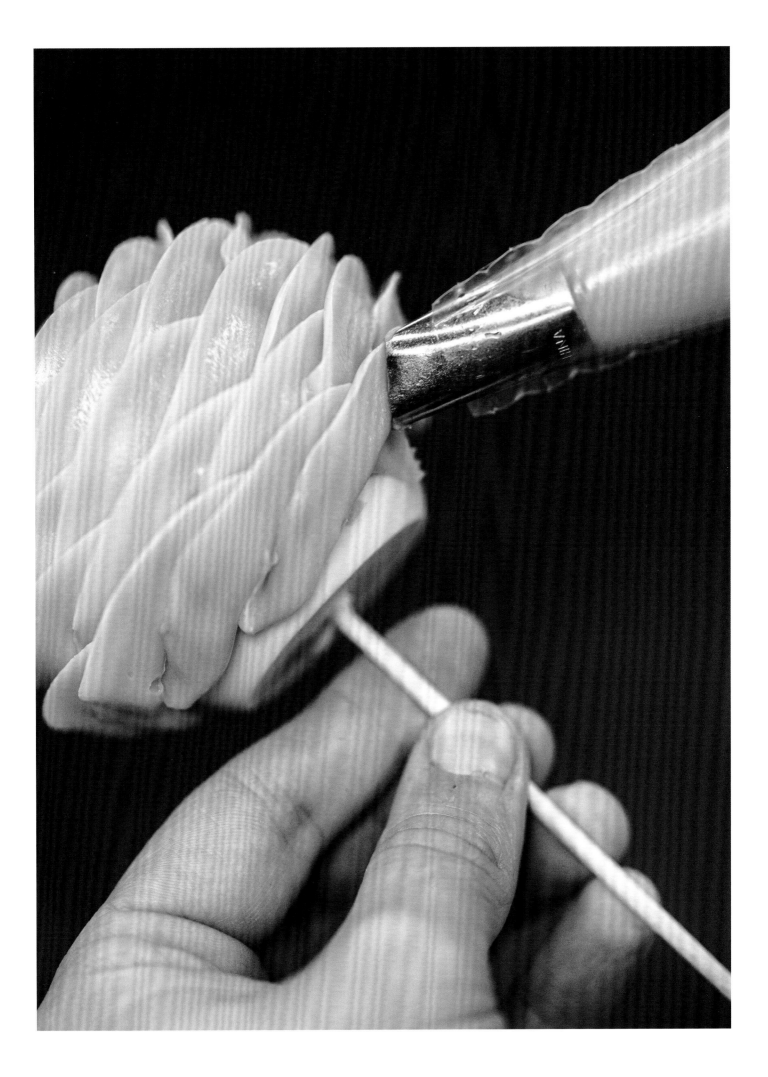

# ANNEXES
# 附录

# RECETTES DE BASE

基础配方

## 乔孔达饼底

在厨师机中使用球桨搅拌，将全蛋、糖粉和扁桃仁粉打发，加入面粉和融化的黄油。蛋清中加入砂糖打发。将两者混合，抹在铺有硅胶烤垫的烤盘上，入烤箱以180摄氏度烘烤10分钟。

● 140克全蛋
105克糖粉
105克扁桃仁粉
30克T55面粉
20克黄油
90克蛋清
15克砂糖

## 热内亚饼底

在深口平底锅中，将黄油加热至45摄氏度。将扁桃仁粉和全蛋混合，在厨师机中充分乳化，加入提前过筛的面粉、土豆淀粉和糖粉，同时加入融化的黄油。将面团挤入18厘米直径的模具中，以180摄氏度烘烤20分钟左右。冷却。

● 70克黄油
120克扁桃仁粉
150克全蛋
20克T65面粉
20克土豆淀粉
120克糖粉

## 布里欧修酥皮

在厨师机中使用搅面钩混合，使用1挡速度将除了黄油以外的食材进行混合，慢慢加入全蛋。转至2挡速度后继续混合至面团不粘盆壁。加入切成小块的膏状黄油，将面团揉至均匀。放置在室温（20~25摄氏度）发酵约1小时。用手掌用力按压面团进行排气，接着擀成长方形。在长方形面团中心放置一半大小的黄油。折叠边缘，将面团擀开，接着叠一个单折。再次将面团擀开，叠一个双折。再次擀开后最后叠一个单折。放入冰箱冷藏。擀开后，在18厘米直径的花形模具中成形，模具中事先准备烘焙油纸。将另一张烘焙油纸放在面团上，在模具中填充重物，在烘烤过程中，面团会贴合成模具的形状。放入烤箱中以175摄氏度烘烤20分钟。

● 100克牛奶
13克新鲜酵母
285克T65面粉
4克盐
20克砂糖
50克全蛋
25克膏状黄油
150克开酥黄油

## 软心焦糖

在深口平底锅中，将砂糖和55克的葡萄糖浆煮至185摄氏度，直到获得琥珀色的焦糖。在另一个深口平底锅中，将牛奶、淡奶油、剩余的葡萄糖浆、香草籽和海盐加热。用混合物稀释焦糖，再次煮至105摄氏度，过筛。当焦糖降温至70摄氏度时，加入黄油后混合。

● 50克砂糖
80克葡萄糖浆
25克牛奶
105克淡奶油
2克香草颗粒
（或香草籽）
1克海盐
40克黄油

## 香草香缇奶油

在深口平底锅中，将三分之一的奶油、剖开的香草荚和香草籽、砂糖一起加热。煮沸后，全部倒入马斯卡彭奶酪和吉利丁冻中，过筛混合，慢慢加入剩余的淡奶油，放入冰箱冷藏保存。

● 430克淡奶油
2根香草荚
15克砂糖
45克马斯卡彭奶酪
14克吉利丁冻
（2克吉利丁粉和12克水调制而成）

## 扁桃仁奶酱

●65克黄油
65克砂糖
65克扁桃仁粉
65克全蛋

在厨师机中使用搅拌桨，将黄油、砂糖和扁桃仁粉混合，慢慢加入全蛋，放入冰箱冷藏保存。

## 香草扁桃仁奶酱

●65克黄油
65克砂糖
65克扁桃仁粉
25克香草颗粒
（或香草籽）
65克全蛋

在厨师机中使用搅拌桨，将黄油、砂糖、扁桃仁粉和香草籽混合，慢慢加入全蛋，放入冰箱冷藏保存。

●35克吉利丁冻
（5克吉利丁粉和30克水调制而成）
265克香草卡仕达酱
265克香草甘纳许

## 外交官奶酱

在盆中，将融化的吉利丁冻和卡仕达酱混合。使用电动打蛋器打发甘纳许，分3次加入香草卡仕达酱基底中。

## 香草卡仕达酱

●140克牛奶
25克淡奶油
1根香草荚
45克蛋黄
40克砂糖
12克吉士粉
15克黄油
30克马斯卡彭奶酪

在深口平底锅中，将牛奶和淡奶油煮沸，加入剖开的香草荚和香草籽，离火，盖上盖子，浸泡10分钟左右。再次煮沸后过筛。同时，在盆中，将蛋黄、砂糖和吉士粉打至发白，将煮沸的液体倒入其中，持续煮沸2分钟，接着加入黄油和马斯卡彭奶酪。

## 咖啡奶酱

●500克牛奶
90克蛋黄
35克砂糖
75克咖啡酱
2.5克黄原胶

在深口平底锅中，将牛奶煮至几乎沸，倒一部分至提前打至发白的蛋黄、砂糖和咖啡酱中。煮1~2分钟，冷却，接着加入黄原胶混合，过筛后放入冰箱冷藏保存。

## 香草奶酱

●500克牛奶
3根香草荚
90克蛋黄
35克砂糖

在深口平底锅中，将牛奶、剖开的香草籽和香草荚煮沸。将一部分混合物倒入提前打至发白的蛋黄和砂糖中，再倒回牛奶中煮至83摄氏度。过筛后混合冷却。

## 蜂蜜-扁桃仁脆层

●75克可可脂
1千克蜂蜜-扁桃仁帕林内
50克花粉
300克薄脆片

将可可脂放入锅中融化，加入剩余的食材后，混合均匀。

## 提木胡椒–扁桃仁脆层

● 500带皮扁桃仁
40克水
130克砂糖
50克可可脂
100克薄脆片
10克提木胡椒
2克海盐

将扁桃仁放入烤箱中，以100摄氏度烘干1小时。在深口平底锅中，将水和砂糖加热至110摄氏度，加入烘干的扁桃仁将其翻炒，冷却后将扁桃仁和融化的可可脂、薄脆片、提木胡椒和海盐混合。

## 咖啡脆层

● 250克榛子
75克砂糖
5克海盐
75克中国咖啡酱
25克可可脂
100克薄脆片

将榛子放入烤箱，以165摄氏度烘烤15分钟，使用砂糖制作干焦糖，冷却后研磨。接着研磨榛子、海盐、咖啡酱。加入融化的可可脂，接着加入薄脆片。

## 椰子脆层

● 500克椰子帕林内
（详见第342页）
150克薄脆片
40克可可脂

将帕林内、薄脆片和融化的可可脂混合。

## 榛子脆层

● 100克榛子
35克砂糖
100克薄脆片
10克葡萄籽油
10克可可脂

将榛子放入烤箱中，以165摄氏度烘烤15分钟，使用砂糖制作干焦糖，得到30克焦糖。冷却至焦糖凝固，分别混合薄脆片、焦糖和榛子。混合过程中慢慢加入葡萄籽油。在厨师机中使用搅拌桨，一点点加入融化的可可脂，将所有食材混合。

## 碧根果脆层

● 250克碧根果
500克碧根果帕林内
（详见第343页）
100克薄脆片
25克可可脂

将碧根果放入烤箱中，以165摄氏度烘烤15分钟，接着碾碎。在厨师机中使用搅拌桨混合，通过慢慢加入融化的可可脂，将所有食材混合。

## 开心果脆层

● 650克开心果帕林内
195克薄脆片
50克可可脂

在厨师机中使用搅拌桨混合，通过慢慢加入融化的可可脂，将所有食材混合。将脆层抹在16厘米直径的模具中。

## 香草脆层

● 3根香草荚
100克扁桃仁
35克砂糖
100克薄脆片
10克葡萄籽油
10克可可脂

将香草荚和扁桃仁放入烤箱，以165摄氏度烘烤15分钟。使用砂糖制作干焦糖，获得30克焦糖。将热的焦糖倒入香草荚中。冷却后得到固态的焦糖。分别混合薄脆片、焦糖、香草，最后是扁桃仁，混合过程中慢慢加入葡萄籽油。在厨师机中使用搅拌桨，通过一点点加入融化的可可脂，将所有食材混合。

## 白色喷砂

●100克可可脂
100克白巧克力

在深口平底锅中，将可可脂融化，接着倒入切碎的巧克力中，混合至得到均匀的混合物。

## 竹炭喷砂

●100克可可脂
100克白巧克力
1克竹炭粉

在深口平底锅中，将可可脂融化，接着倒入切碎的巧克力中，和竹炭粉混合得到均匀的混合物。

## 牛奶巧克力喷砂

●100克可可脂
100克牛奶巧克力

在深口平底锅中，将可可脂融化，接着倒入切碎的巧克力中，混合至得到均匀的混合物。

## 橙色喷砂

●100克可可脂
100克白巧克力
1克脂溶性橙色色素

在深口平底锅中，将可可脂融化，接着倒入切碎的巧克力中，和色素混合得到均匀的混合物。若制作黄色喷砂，改用黄色色素即可。

## 粉红色喷砂

●100克可可脂
100克白巧克力
0.5克红色色粉

在深口平底锅中，将可可脂融化，接着倒入切碎的巧克力中，和色粉混合得到均匀的混合物。

## 红宝石喷砂

●100克可可脂
100克白巧克力
1克红色色粉

在深口平底锅中，将可可脂融化，接着倒入切碎的巧克力中，和色粉混合得到均匀的混合物。

## 绿色喷砂

●100克可可脂
100克白巧克力
1克脂溶性绿色色素

在深口平底锅中，将可可脂融化，接着倒入切碎的巧克力中，和色素混合得到均匀的混合物。

## 咖啡甘纳许

●200克淡奶油
50克咖啡豆
85克蛋黄
40克砂糖
17克吉利丁冻
（2.5克吉利丁粉和14.5克水调制而成）
330克马斯卡彭奶酪
20克咖啡粉

将淡奶油和咖啡豆煮沸，离火，盖上盖子，浸泡10分钟。将蛋黄和砂糖混合，将一小部分煮沸的淡奶油倒入蛋黄混合物中，接着全部倒回深口平底锅中制作英式蛋奶酱。煮2分钟后，过筛，加入吉利丁冻混合。加入马斯卡彭奶酪和咖啡粉，混合后放入冰箱冷藏静置12小时左右。

## 柠檬甘纳许

● 800克淡奶油

42克吉利丁冻

（7克吉利丁粉和35克水调制而成）

215克调温象牙白巧克力

180克柠檬汁

前一天，将一半的淡奶油在深口平底锅中加热，接着加入吉利丁冻。慢慢倒入切碎的巧克力中，混合乳化。加入剩余的淡奶油，接着加入柠檬汁，充分混合得到均匀的混合物，放入冰箱冷藏静置12小时。

## 荔枝-马鞭草胡椒甘纳许

● 530克淡奶油

3克马鞭草胡椒

145克白巧克力

28克吉利丁冻

（4克吉利丁粉和24克水调制而成）

100克荔枝汁

20克柠檬汁

前一天，在深口平底锅中，将一半的淡奶油和胡椒煮沸，盖上盖子，浸泡5分钟左右。将热的淡奶油倒入切碎的巧克力和吉利丁冻中，通过加入剩余的淡奶油、荔枝汁和柠檬汁，混合得到均匀的甘纳许，过筛后放入冰箱冷藏静置12小时左右。

## 开心果甘纳许

● 500克淡奶油

50克蛋黄

25克砂糖

10克吉利丁冻

（1.5克吉利丁粉和8.5克水调制而成）

150克纯开心果酱

200克马斯卡彭奶酪

在深口平底锅中，将淡奶油煮沸。将蛋黄和砂糖混合。将一小部分煮沸的淡奶油倒入蛋黄混合物中，接着重新倒回深口平底锅中制作英式蛋奶酱，煮2分钟后，加入吉利丁冻和纯开心果酱后混合，过筛，接着加入马斯卡彭奶酪。放入冰箱冷藏静置12小时左右。

## 提木胡椒甘纳许

● 200克淡奶油

2.5克提木胡椒

85克蛋黄

40克砂糖

17克吉利丁冻

（2.5克吉利丁粉和14.5克水调制而成）

330克马斯卡彭奶酪

在深口平底锅中，将淡奶油和胡椒煮沸。将蛋黄和砂糖混合。将一小部分煮沸的淡奶油倒入蛋黄混合物中，接着重新倒回深口平底锅中制作英式蛋奶酱，煮2分钟，加入吉利丁冻后混合。过筛，加入马斯卡彭奶酪，放入冰箱冷藏静置12小时左右。

## 香草甘纳许

● 470克淡奶油

1根香草荚

100克调温象牙白巧克力

28克吉利丁冻

（4克吉利丁粉和24克水调制而成）

前一天，在深口平底锅中，将一半的淡奶油加热，加入剖开的香草荚和香草籽。离火，盖上盖子，浸泡10分钟。再次煮热后过筛，倒入切碎的巧克力和吉利丁冻中，加入剩余的淡奶油，混合得到均匀的甘纳许，放入冰箱冷藏静置12小时左右。

## 草莓啫喱

● 400克草莓汁

40克砂糖

6克琼脂粉

2克黄原胶

在深口平底锅中，将草莓汁煮沸，接着加入粉类，混合后放入冰箱冷藏凝固。

## 覆盆子啫喱

● 400克覆盆子汁
40克砂糖
6克琼脂粉
2克黄原胶

在深口平底锅中，将覆盆子汁煮沸，加入粉类。混合后放入冰箱冷藏凝固。

## 开心果啫喱

● 500克开心果牛奶
90克蛋黄
35克砂糖
2.5克黄原胶
75克纯开心果酱

在深口平底锅中，将开心果牛奶煮至几乎沸腾，将一部分开心果牛奶倒入提前打至发白的蛋黄和砂糖中，煮1~2分钟，冷却。加入黄原胶、纯开心果酱后混合。过筛后放入冰箱冷藏储存。

## 开心果牛奶

● 500克牛奶
50克开心果

将牛奶和开心果加入离心机中混合。

## 香草镜面

● 100克中性镜面果胶
1克香草颗粒
（或香草籽）

在深口平底锅中，将中性镜面果胶和香草籽煮沸。

## 蛋白霜

● 125克蛋清
125克砂糖
125克糖粉

通过分3次加入砂糖打发蛋清。当提起时的状态是"鸟喙状"时表示蛋白霜已经制作好。加入糖粉。装入裱花袋中储存。

## 巴巴面团

● 190克T65面粉
2克盐
60克黄油
7克酵母
7克液体蜂蜜
210克全蛋
20克牛奶

在厨师机中使用搅面钩，将面粉、盐、黄油、酵母和蜂蜜混合，加入一半的全蛋，用1挡速度搅拌。当面团混合均匀后，刮一下底部，接着慢慢加入剩余的全蛋。让面团微微出筋，接着加入牛奶，继续搅拌，最后将面团装入裱花袋中。

## 泡芙面团

● 300克水
300克牛奶
12克盐
25克砂糖
270克黄油
330克T65面粉
540克全蛋

在深口平底锅中将水、牛奶、盐、砂糖和黄油煮沸，持续煮沸1~2分钟。加入面粉，小火煮至面团不粘锅壁。将面团倒入厨师机中使用搅拌桨搅拌。混合的目的是去除面团中的水汽。接着分3次加入全蛋。放入冷藏约2小时。在铺有硅胶烤垫的烤盘上（或者烘焙油纸），挤2厘米直径的泡芙。放入平炉，以175摄氏度烘烤30分钟（或者使用传统烤箱：如果是这样，将泡芙放入提前预热好的260摄氏度烤箱，关闭烤箱15分钟，接着重新开启烤箱，以160摄氏度继续烘烤10分钟）。

## 钻石面团

在厨师机中使用搅拌桨，将黄油、糖粉、榛子粉和盐混合。加入全蛋乳化，接着加入面粉和土豆淀粉，混合得到非常均匀的面团。放入冰箱冷藏。将面团擀至3毫米厚，切成35厘米直径的圆。将面团放入倒置的直径28厘米模具中成形，使用小刀，将多余面团切除。用叉子在面团上戳洞，使用刷子，在表面轻轻涂一层蛋清。混合三种砂糖，然后撒在面团上，使糖完全覆盖面团，在面团上面铺两张透气烤垫，放入烤箱中，以165摄氏度烘烤30分钟。

●115克黄油
70克糖粉
25克榛子粉
1克盐
45克全蛋
190克T65面粉
60克土豆淀粉
蛋清
100克粗黄糖
20克红糖
20克椰子糖

## 甜酥面团

在厨师机中使用搅拌桨，将黄油、糖粉、榛子粉和盐混合。加入全蛋乳化，接着加入面粉和土豆淀粉，混合至得到非常均匀的面团。放入冰箱冷藏。将面团擀至3毫米厚，然后切成30厘米直径的圆，放入20厘米直径的模具中成形，使用小刀将多余的面团切除。将模具放在铺有硅胶烤垫的烤盘上（或者烘焙油纸）。用叉子在底部戳洞。放入烤箱以165摄氏度烘烤30分钟。

●115克黄油
70克糖粉
25克榛子粉
1克盐
45克全蛋
190克T65面粉
60克土豆淀粉

## 巧克力甜酥面团

在厨师机中使用搅拌桨，将黄油、糖粉、榛子粉和盐混合。加入全蛋乳化，接着加入面粉、土豆淀粉和可可粉，混合至得到非常均匀的面团。放入冰箱冷藏。将面团擀至3毫米厚，然后切成30厘米直径的圆，放入20厘米直径的模具中成形，使用小刀将多余的面团切除。将模具放在铺有硅胶烤垫的烤盘上（或者烘焙油纸）。用叉子在底部戳洞。放入烤箱以165摄氏度烘烤30分钟。

●115克黄油
70克糖粉
25克榛子粉
1克盐
45克全蛋
190克T65面粉
60克土豆淀粉
50克可可粉

## 蜂蜜-扁桃仁帕林内

在烤盘上，将扁桃仁放入烤箱以100摄氏度烘烤1小时30分钟，烘干。将蜂蜜加热至140摄氏度后加入烘干的扁桃仁充分包裹，冷却后，研磨得到帕林内。

●500克扁桃仁
500克薰衣草蜂蜜

## 椰子帕林内

在烤箱中分别烘烤扁桃仁和椰蓉，170摄氏度，15分钟。将扁桃仁从烤箱中取出后研磨5分钟，直到形成酱状，接着加入椰蓉。使用砂糖制作干焦糖，冷却后研磨。将之前的混合物和盐混合。

●100克扁桃仁
325克椰蓉
180克砂糖
3克海盐

## 榛子帕林内

●380克榛子
115克砂糖
8克海盐

将榛子放入烤箱中，以165摄氏度烘烤15分钟。使用砂糖制作干焦糖，冷却后研磨。接着研磨榛子，在厨师机中使用搅拌桨，将所有食材一起混合。

## 碧根果帕林内

●500克碧根果
125克砂糖
10克海盐

在烤箱中将碧根果以165摄氏度烘烤15分钟。使用砂糖制作干焦糖，冷却后研磨。接着研磨碧根果，在厨师机中使用搅拌桨，将所有食材一起混合。

## 开心果帕林内

●750克开心果
225克砂糖
15克海盐

在烤箱中将开心果以165摄氏度烘烤15分钟。使用砂糖制作干焦糖，冷却后研磨。接着研磨开心果，在厨师机中使用搅拌桨，将所有食材一起混合。

## 重组布列塔尼沙布雷

●240克黄油
50克可可脂
210克砂糖
95克蛋黄
5克盐
360克T55面粉
25克泡打粉

在厨师机中使用搅拌桨，将黄油、可可脂和砂糖打至发白，加入蛋黄和盐，加入粉类，不要过度混合，以避免面团出筋。将面团擀至3毫米厚，然后切成20厘米直径的圆。将其放在铺有硅胶烤垫的烤盘上，放入模具中。烤箱170摄氏度，烘烤20分钟左右。

## 海盐巧克力沙布雷

●190克黄油
150克粗黄糖
60克砂糖
2克香草颗粒
（香草籽）
3克海盐
220克面粉
35克可可粉
190克可可含量70%的黑巧克力

将软化的黄油、粗黄糖、砂糖、香草籽和盐混合，加入提前过筛的面粉和可可粉，加入切碎的巧克力。将面团擀至3毫米厚，放在铺有硅胶烤垫的烤盘上，烤箱170摄氏度，烘烤9分钟。冷却后切碎。

## 巴巴糖浆

●205克水
120克砂糖
7克吉利丁冻
（1克吉利丁粉和6克水调制而成）
10克糖渍橙子酱
10克糖渍柠檬酱
50克朗姆酒

在深口平底锅中，将除了朗姆酒的所有食材加热，过筛后加入朗姆酒。

# iNDEX

食材索引

# DES

# PRODUiTS

# BiO
## 传记

约翰·卡隆（YOHANN CARON）

### 2008
●5年法餐工作后改行甜点
●成为法国穆兰弗雷德里克·福西甜品店的学徒

### 2011
●与塞德里克·格罗莱首次相遇并作为厨师领班加入莫里斯（Meurice）酒店团队

### 2013
●成为莫里斯酒店的副主厨

### 2017
●儿子保罗出生

### 2018
●成为莫里斯甜品店开业的助理主厨

### 2019
●成为歌剧院（Opéra）甜品店的主厨

弗朗索瓦·德沙耶斯（FRANÇOIS DESHAYES）

### 2011-2012
●在法国梅斯完成厨师专业学士学位，获得极好的评语

### 2013
●完成甜点补充文凭学业（mention complementaire de patisserie），专业：餐厅甜点方向

### 2014
●成为莫里斯酒店的甜点师

### 2016
●成为莫里斯酒店的厨师领班

### 2018
●成为莫里斯酒店的副主厨

### 2019
●成为莫里斯酒店塞德里克·格罗莱的助理主厨

# 塞德里克·格罗莱（Cedric Grolet）

**2000**
●开始学习甜点师专业技能证书课程

**2006**
●成为馥颂甜品店的学徒

**2011**
●成为莫里斯酒店的副主厨

**2013**
●成为莫里斯酒店的主厨

**2015**
●被《厨师》（Le Chef）杂志评为年度最佳厨师

**2016**
●被甜品驿站（Les Relais Desserts）网站评为年度最佳厨师，被里昂白帽子厨师协会（Les Toques Blanches）评为年度最佳厨师

**2017**
●被世界美食节（Omnivore）评为年度最佳厨师，在纽约获得世界最佳甜点师称号，出版他的第一本书《水果进行曲：塞德里克·格罗莱的甜品创意法》

**2018**
●莫里斯甜品店在巴黎卡斯蒂廖内街（rue de Castiglione）开业
●被世界美食评鉴（les Grandes Tables du Monde）评为世界最佳甜品师

**2019**
●歌剧院甜品店在巴黎歌剧院大道开业
●出版他的第二本书《人气甜品师的极简烘焙创意：名店Opera甜品精选》
●被世界五十最佳协会评为世界最佳甜品师

**2021-2022**
●第一家甜品店塞德里克·格罗莱在英国伦敦伯克利开业
●出版他的第三本书《塞德里克·格罗莱的甜品"花"园：甜点的造型、结构、风味》

魔方花 ● 塞德里克·格罗莱歌剧院甜品店出品，
歌剧院大道35号，75002巴黎，接受预定

**图书在版编目（CIP）数据**

塞德里克·格罗莱的甜品"花"园：甜点的造型、结构、风味／（法）塞德里克·格罗莱
（Cedric Grolet）著；范雅君译.—武汉：华中科技大学出版社，2023.9
ISBN 978-7-5680-9862-5

Ⅰ.①塞… Ⅱ.①塞… ②范… Ⅲ.①甜食－制作 Ⅳ.①TS972.134

中国国家版本馆CIP数据核字（2023）第151313号

Title: Fleurs by Cédric Grolet © Ducasse Edition, 2021
Simple Chinese Character rights arranged with LEC through Dakai - L'Agence

本作品简体中文版由Ducasse Edition授权华中科技大学出版社有限责任公司在中华人民共和国
境内（但不含香港、澳门和台湾地区）出版、发行。

湖北省版权局著作权合同登记　图字：17-2023-040号

# 塞德里克·格罗莱的甜品"花"园：
## 甜点的造型、结构、风味

Saidelike Geluolai de Tianpin 'Hua'yuan:
Tiandian de Zaoxing Jiegou Fengwei

[法] 塞德里克·格罗莱（Cedric Grolet）著
范雅君 译

出版发行：华中科技大学出版社（中国·武汉）　　　电话：（027）81321913
　　　　　华中科技大学出版社有限责任公司艺术分公司　（010）67326910-6023
出 版 人：阮海洪

责任编辑：莽　昱　谭晰月
责任监印：赵　月　郑红红　　　　　　　　　　封面设计：邱　宏

制　　作：北京博逸文化传播有限公司
印　　刷：北京汇瑞嘉合文化发展有限公司
开　　本：635mm×965mm　　1/8
印　　张：44
字　　数：73千字
版　　次：2023年9月第1版第1次印刷
定　　价：268.00元